Web 开发经典丛书

JavaScript ES6 函数式编程入门经典

[印] Anto Aravinth 著

梁 宵 译

清华大学出版社

北 京

Anto Aravinth
Beginning Functional JavaScript
EISBN：978-1-4842-2655-1

北京市版权局著作权合同登记号　图字：01-2017-5756

图书在版编目(CIP)数据

JavaScript ES6 函数式编程入门经典/ (印) 安东尼奥・阿内维斯(Anto Aravinth) 著；梁宵　译. — 北京：清华大学出版社，2018 （2018.7重印）
（Web 开发经典丛书）
书名原文：Beginning Functional JavaScript
ISBN 978-7-302-48714-2

Ⅰ. ①J…　Ⅱ. ①安…　②梁…　Ⅲ. ①JAVA 语言—程序设计　Ⅳ. ①TP312.8

中国版本图书馆 CIP 数据核字(2017)第 271335 号

责任编辑： 王　军　于　平
封面设计： 牛艳敏
版式设计： 思创景点
责任校对： 曹　阳
责任印制： 刘海龙

出版发行： 清华大学出版社
网　　址： http://www.tup.com.cn，http://www.wqbook.com
地　　址： 北京清华大学学研大厦 A 座　　**邮　　编：** 100084
社 总 机： 010-62770175　　**邮　　购：** 010-62786544
投稿与读者服务： 010-62776969，c-service@tup.tsinghua.edu.cn
质 量 反 馈： 010-62772015，zhiliang@tup.tsinghua.edu.cn
印 装 者： 北京嘉实印刷有限公司
经　　销： 全国新华书店
开　　本： 148mm×210mm　　**印　　张：** 5.875　　**字　　数：** 158 千字
版　　次： 2018 年 1 月第 1 版　　**印　　次：** 2018 年 7 月第 2 次印刷
定　　价： 49.80 元

产品编号：076421-01

译者序

函数式编程是一种古老的编程范式。近些年来，随着 RxJS 等函数式框架的流行，它焕发了青春，再次进入了我们的视野。与 Haskell 等语言相比，JavaScript 虽然不是一种纯函数语言，但它将函数视为一等公民，非常适合函数式编程范式。函数式编程为应用带来的可维护性、可测试性和可扩展性是不言而喻的，而纯函数、高阶函数、柯里化、组合、Monad 等诸多概念往往令刚刚接触它的人无从下手。

快速掌握一个知识体系的秘诀是抓住概念并理清概念之间的关系。本书将函数式编程中那些抽象的原理分解为一个个简单的概念，娓娓道来，并配以丰富的实战案例，逐步带你领略函数式编程的魅力。掌握函数式编程思想对开发与理解单数据流应用非常有帮助，愿本书带你开启这段非凡的旅程！

本译作能够顺利完成，首先感谢清华大学出版社李阳老师的推荐与信任，提供的非常有价值的建议使我在翻译的过程中受益良多。感谢我的妻子对我的理解与支持。感谢如天使般可爱的女儿 Eva，你是上天赐给我最好的礼物。本书全部内容由梁宵翻译，参与翻译的还有腾讯高级工程师王志寿和 Uber 高级工程师罗誉家。

在翻译过程中我尽力修正了一些原作的小错误，但由于水平有限，难免存在不足之处，恳请广大读者不吝惠赐。

梁　宵

作者简介

Anto Aravinth 是来自 VisualBI Chennai 研发中心的高级商业智能开发工程师。在过去的五年中，他曾使用 Java、JavaScript 语言以及 ReactJs、Angular 等框架开发 Web 应用。他对 Web 和 Web 标准有透彻的理解。他也是流行框架 ReactJs、Selenium 和 Groovy 的开源贡献者。

Anto Aravinth 在业余时间喜欢打乒乓球。他很有幽默感！他也是 *React Quickly* 一书的技术开发编辑，此书在 2017 年由 Manning 出版社出版。

致　谢

撰写一本书没有我想象的那么简单，整个过程几乎像拍电影一样。要根据书的目录仔细推敲每一个单元。目录就像电影的脚本，它需要一个震撼的开场，然后吊住观众的胃口，最后呈现出一个完美的结局。一本优秀的剧本要通过生动的文字传达出来。当编辑团队认可目录时，写书的过程就开始了。为此，我要感谢 Pramila，她在本书的开始阶段帮助了我。当然，写一本技术书就需要技术纠错。为此，特别感谢技术编辑团队！他们非常善于在书写中找出技术问题。特别感谢 Anila，她检查了所有章节并找到了语法错误——确保了将优质的内容呈现给读者。所有上述过程由经理 Prachi 管理，感谢 Prachi 让这一切变为现实！

我要将本书献给已故的父亲 Belgin Rayen 和挚爱的母亲 Susila。我也要感谢姐夫 Kishore，他在生活和事业上一直支持我。我从未告诉唯一的同胞姐姐 Ramya 我在写一本书。我只是无法预料她对此事的反应。也特别感谢她。

特别感谢所有在职业生涯中给予我支持的朋友和同事：Deepak、Vishal、Shiva、Mustafa、Anand、Ram (Juspay)、Vimal (Juspay)、Lalitha、Swetha、Vishwapriya。最后感谢我亲密的兄弟姐妹：Bianca、Jennifer、Amara、Arun、Clinton、Shiny、Sanju。

我在书写、内容、行文等方面还有待改进。如果你愿意分享你的想法，请通过 antoaravinthrayen@gmail.com 联系我。我的 twitter 是@antoaravinth。

感谢你购买本书！希望你能喜欢它。祝你好运！

Anto Aravinth，于印度

目　录

第 1 章

■■■

函数式编程简介

函数的第一条原则是要小。函数的第二条原则是要更小。

—ROBERT C. MARTIN

欢迎来到函数式编程的世界。在这个只有函数的世界中，我们愉快地生活着，没有任何外部环境的依赖，没有状态，没有突变——永远没有。函数式编程是最近的一个热点。你可能在团队中和小组会议中听说过这个术语，或许还做过一些思考。如果你已经了解了它的含义，非常好！但是那些不知道的人也不必担心。本章的目的就是：用通俗的语言为你介绍函数式编程。

我们将以一个简单的问题开始本章：数学中的函数是什么？随后给出函数的定义并用其创建一个简单的 JavaScript 函数示例。本章结尾将说明函数式编程带给开发者的好处。

1.1 什么是函数式编程？为何它重要

在开始了解函数式编程这个术语的含义之前，我们要回答另一个问题：数学中的函数是什么？数学中的函数可以写成如下形式：

```
f(X) = Y
```

这条语句可以被解读为“一个函数 F，以 X 作为参数，并返回输出

Y。”例如，X 和 Y 可以是任意的数字。这是一个非常简单的定义，但是其中包含了几个关键点：

- 函数必须总是接受一个参数。
- 函数必须总是返回一个值。
- 函数应该依据接收到的参数(例如 X)而不是外部环境运行。
- 对于一个给定的 X，只会输出唯一的一个 Y。

你可能想知道为什么我们要了解数学中的函数定义而不是 JavaScript 中的。你是这样想的吗？对于我来说这是一个值得思考的问题。答案非常简单：函数式编程技术主要基于数学函数和它的思想。但是等等——我们并不是要在数学中教你函数式编程，而是使用 JavaScript 来传授该思想。但是贯穿全书，我们将看到数学函数的思想和用法，以便能够理解函数式编程。

有了数学函数的定义，下面来看看 JavaScript 函数的例子。

假设我们要编写一个计税函数。在 JavaScript 中你会如何做？

注意

本书的所有例子都用 ES6 编写。书中的代码片段是独立的，所以你可以复制并把它们粘贴到任意喜欢的支持 ES6 的浏览器中。所有的例子可以在 Chrome 浏览器的 51.0.2704.84 版本中运行。ES6 的规范请参见: http://www.ecma-international.org/ecma-262/6.0/。

我们可以实现如代码清单 1-1 所示的函数。

代码清单 1-1 用 ES6 编写的计税函数

```
var percentValue = 5;
var calculateTax = (value) => { return value/100 * (100 + percentValue) }
```

上面的 calculateTax 函数准确地实现了我们的想法。你可以用参数调用该函数，它会在控制台中返回计算后的税值。该函数看上去很整洁，不是吗？让我们暂停一下，用数学的定义分析一下它。数学函数定义的关键是函数逻辑不应依赖外部环境。在 calculateTax 函数中，我们让函数依赖全局变量 percentValue。因此，该函数在数学意义上就不能被称为一个真正的函数。下面将修复该问题。请思考一下，为什么不能在模板中改变字体？

修复方法非常简单：我们只需要移动 percentValue，把它作为函数的参数。见代码清单 1-2。

代码清单 1-2　重写计税函数

```
var calculateTax = (value, percentValue) => { return value/100 * (100 +
percentValue) }
```

现在 calculateTax 函数可以被称为一个真正的函数了。但是我们得到了什么？我们只是在其内部消除了对全局变量的访问。移除一个函数内部对全局变量的访问会使该函数的测试更容易(我们将在本章的稍后部分讨论函数式编程的好处)。

现在我们了解了数学函数与 JavaScript 函数的关系。通过这个简单的练习，我们就能用简单的技术术语定义函数式编程。函数式编程是一种范式，我们能够以此创建仅依赖输入就可以完成自身逻辑的函数。这保证了当函数被多次调用时仍然返回相同的结果。函数不会改变任何外部环境的变量，这将产生可缓存的、可测试的代码库。

函数与 JavaScript 方法

前面介绍了很多有关“函数”的内容。在继续之前，我想确保你理解了函数和 JavaScript 方法之间的区别。

简言之，**函数**是一段可以通过其名称被调用的代码。它可以传递参数并返回值。

然而，**方法**是一段必须通过其名称及其关联对象的名称被调用的代码。

下面快速看一下函数和方法的例子，如代码清单 1-3 和代码清单 1-4 所示。

函数

代码清单 1-3　一个简单的函数

```
var simple = (a) => {return a} // 一个简单的函数
```

```
simple(5) // 用其名称调用
```

方法

代码清单 1-4 一个简单的方法

```
var obj = {simple : (a) => {return a} }
obj.simple(5) // 用其名称及其关联对象调用
```

在函数式编程的定义中还有两个重要的特性并未提及。在研究函数式编程的好处之前，我们将在下一节详细阐述。

1.2 引用透明性

根据函数的定义，我们可以得出结论：所有的函数对于相同的输入都将返回相同的值。函数的这一属性被称为**引用透明性(Referential Transparency)**。下面举一个简单的例子，如代码清单 1-5 所示：

代码清单 1-5 引用透明性的例子

```
var identity = (i) => { return i }
```

在上面的代码片段中，我们定义了一个简单的函数 identity。无论传入什么作为输入，该函数都会把它返回。也就是说，如果你传入 5，它就会返回 5(换言之，该函数就像一面镜子或一个恒等式)。注意，我们的函数只根据传入的参数“i”进行操作，在函数内部没有全局引用(记住代码清单 1-2，我们从全局访问中移除了“percentValue”并把它作为一个传入的参数)。该函数满足了引用透明性条件。现在假设该函数被用于其他函数调用之间，如下所示：

```
sum(4,5) + identity(1)
```

根据引用透明性的定义，我们可以把上面的语句转换为：

```
sum(4,5) + 1
```

该过程被称为**替换模型(Substitution Model)**，因为你可以直接替换函数的结果(主要因为函数的逻辑不依赖其他全局变量)，这与它的值是一样的。这使**并发代码**和**缓存**成为可能。根据该模型想象一下，你可以轻松地用多线程运行上面的代码，甚至不需要同步！为什么？同步的问题在于线程不应该在并发运行的时候依赖全局数据。遵循引用透明性的函数只能依赖来自参数的输入。因此，线程可以自由地运行，没有任何锁机制！

由于函数会为给定的输入返回相同的值，实际上我们就可以缓存它了！例如，假设有一个函数"factorial"计算给定数值的阶乘。"factorial"接受输入作为参数以计算其阶乘。我们都知道"5"的"factorial"是"120"。如果用户第二次调用"5"的"factorial"，情况会如何呢？如果"factorial"函数遵循引用透明性，我们知道结果将依然是"120"(并且它只依赖输入参数)。记住这个特性后，就能够缓存"factorial"函数的值。因此，如果"factorial"以"5"作为输入被第二次调用，就能够返回已缓存的值，而不必再计算一次。

在此可以看到，引用透明性在并发代码和可缓存代码中发挥着重要的作用。本章的稍后部分将编写一个用于缓存函数结果的库函数。

引用透明性是一种哲学

"引用透明性"一词来自**分析哲学**(https://en.wikipedia.org/wiki/Analytical_ philosophy)。该哲学分支研究自然语言的语义及其含义。单词"Referential"或"Referent"意指表达式引用的事物。句子中的上下文是"引用透明的"，如果用另一个引用相同实体的词语替换上下文中的一个词语，并不会改变句子的含义。

这就是我们在本节定义的引用透明性。替换函数的值并不影响上下文。这就是函数式编程的哲学！

1.3　命令式、声明式与抽象

函数式编程主张声明式编程和编写抽象的代码。在更进一步介绍之前，我们需要理解这两个术语。我们都知道并使用过多种命令式范式。下面以一个问题为例，看看如何用命令式和声明式的方法解决它。

假设有一个数组，你想遍历它并把它打印到控制台。代码如代码清单 1-6 所示：

代码清单 1-6　用命令式方法遍历数组

```
var array = [1,2,3]
for(i=0;i<array.length;i++)
console.log(array[i]) // 打印1, 2, 3
```

这段代码运行良好。但是为了解决问题，我们精确地告诉程序应该“如何”做。例如，我们用数组长度的索引计算结果编写了一个隐式的 for 循环并打印出数组项。在此暂停一下。我们的任务是什么？“打印数组的元素”，对不对？但是看起来我们像在告诉编译器该做什么。在本例中，我们在告诉编译器“获得数组长度，循环数组，用索引获取每一个数组元素，等等。”我们将之称为“命令式”解决方案。命令式编程主张告诉编译器“如何”做。

现在我们来看另一方面，声明式编程。在声明式编程中，我们要告诉编译器做“什么”，而不是“如何”做。“如何”做的部分将被抽象到普通函数中(这些函数被称为高阶函数，我们会在后续的章节中介绍)。现在我们可以用内置的 forEach 函数遍历数组并打印它。见代码清单 1-7。

代码清单 1-7　用声明式方法遍历数组

```
var array = [1,2,3]
array.forEach((element) => console.log(element))// 打印1, 2, 3
```

上面的代码片段打印了与代码清单 1-6 相同的输出。但是我们移除了“如何”做的部分，比如“获得数组长度，循环数组，用索引获取每一个数组元素，等等。”我们使用了一个处理“如何”做的抽象函数，如此可以让开发者只需要关心手头的问题(做“什么”的部分)。这非常棒！贯穿本书，我们都将创建这样的内置函数。

函数式编程主张以抽象的方式创建函数，这些函数能够在代码的其他部分被重用。现在我们对什么是函数式编程有了透彻的理解。基于这一点，我们就能够去研究函数式编程的好处了。

1.4　函数式编程的好处

我们了解了函数式编程的定义和一个非常简单的 JavaScript 函数。但是不得不回答一个简单的问题：“函数式编程的好处是什么？”这一节将帮助你透过现象看本质，了解函数式编程带给我们的巨大好处！大多数函数式编程的好处来自于编写纯函数。所以在此之前，我们将了解一下什么是纯函数。

1.5　纯函数

有了前面的定义，我们就能够定义纯函数的含义。纯函数是对给定的输入返回相同的输出的函数。举一个例子，见代码清单 1-8：

代码清单 1-8　一个简单的纯函数

```
var double = (value) => value * 2;
```

上面的函数“double”是一个纯函数，只因为给它一个输入，它总是返回相同的输出。你不妨自己试试。用输入 5 调用 double 函数总是返回结果 10！纯函数遵循引用透明性。因此，我们能够毫不犹豫地用 10 替换 double(5)。

所以，纯函数了不起的地方是什么？它能带给我们很多好处。下面依次讨论。

1.5.1　纯函数产生可测试的代码

不纯的函数具有副作用。下面以前面的计税函数为例进行说明(代码清单 1-1)：

```
var percentValue = 5;
var calculateTax = (value) => { return value/100 * (100 +
 percentValue) } //
 依赖外部环境的percentValue变量
```

函数 calculateTax 不是纯函数，主要因为它依赖外部环境计算其逻辑。尽管该函数可以运行，但非常难于测试！下面看看原因。

假设我们打算对 calculateTax 函数运行测试，分别执行三次不同的税值计算。按如下方式设置环境：

```
calculateTax(5) === 5.25

calculateTax(6) === 6.3

calculateTax(7) === 7.3500000000000005
```

整个测试通过了！但是别急，既然原始的 calculateTax 函数依赖外部环境变量 percentValue，就有可能出错。假设你在运行相同的测试用例时，外部环境也正在改变变量 percentValue：

```
calculateTax(5) === 5.25

// percentValue被其他函数改成2
calculateTax(6) === 6.3 // 这条测试能通过吗?

// percentValue被其他函数改成0
calculateTax(7) === 7.3500000000000005 // 这条测试能通过吗，还是
会抛出异常?
```

如你所见，此时的 calculateTax 函数很难测试。但是我们可以很容易地修复这个问题，从该函数中移除外部环境依赖，代码如下：

```
var calculateTax = (value, percentValue) => { return value/100 *
(100 +percentValue) }
```

现在可以顺畅地测试 calculateTax 函数了！在结束本节前，我们需要提及纯函数的一个重要属性，即“纯函数不应改变任何外部环境的变量。”

换言之，纯函数不应依赖任何外部变量(就像例子中展示的那样)，也不应改变任何外部变量。我们通过改变任意一个外部变量就能马上理解其中的含义。例如，考虑代码清单 1-9：

代码清单 1-9　badFunction 例子

```
var global = "globalValue"
var badFunction = (value) => { global = "changed"; return value * 2 }
```

当 badFunction 函数被调用时，它将全局变量 global 的值改成 changed。需要担心这件事吗？是的！假设另一个函数的逻辑依赖 global 变量！因此，调用 badFunction 就影响了其他函数的行为。具有这种性质的函数(也就是具有副作用的函数)会使代码库变得难以测试。除了测试，在调试的时候这些副作用会使系统的行为变得非常难以预测！

至此，我们通过简单的示例了解到纯函数有助于我们更容易地测试代码。现在来看一下纯函数的其他好处——**合理的代码**。

1.5.2　合理的代码

作为开发者，我们应该善于推理代码或函数。通过创建和使用纯函数，能够非常简单地实现该目标。为了明确这一点，我们将使用一个简单的 double 函数(来自代码清单 1-8)：

```
var double = (value) => value * 2
```

通过函数的名称能够轻易地推理出：这个函数把给定的数值加倍，其他什么也没做！事实上，根据引用透明性概念，我们可以简单地用相应的结果替换 double 函数调用！开发者的大部分时间花在阅读他人的代码上。在代码库中包含具有副作用的函数对团队中的其他开发者来说是难以阅读的。包含纯函数的代码库会易于阅读、理解和测试。记住，函数(无论它是否为纯函数)必须总是具有一个有意义的名称。按照这种说法，在给定行为后你不能将函数“double”命名为“dd”。

小脑力游戏

我们只需要用值替换函数，就好像不看它的实现就知道结果一样！这是你在理解函数思想过程中的一个巨大进步。我们取代函数值，就好像这是它要返回的结果！

为了快速练习一下你的脑力，下面用内置的 Math.max 函数测试一下你的推理能力。

给定函数调用：

```
Math.max(3,4,5,6)
```

结果是什么？

为了给出结果，你看了 max 的实现了吗？没有，对不对？为什么？答案是 Math.max 是纯函数。现在喝一杯咖啡吧，你已经完成了一项伟大的工作！

1.6 并发代码

纯函数总是允许我们并发地执行代码。因为纯函数不会改变它的环境，这意味着我们根本不需要担心同步问题！当然，JavaScript 并没有真正的多线程用来并发地执行函数，但是如果你的项目使用了 WebWorker 来并发地执行多任务，该怎么办呢？或者有一段 Node 环境中的服务端代码需要并发地执行函数，又该怎么办呢？

例如，假设我们有代码清单 1-10 给出的如下代码：

代码清单 1-10 非纯函数

```
let global = "something"
let function1 = (input) => {
// 处理 input
// 改变 global
global = "somethingElse"

}
let function2 = () => {
        if(global === "something")
        {
                // 业务逻辑
        }
}
```

如果我们需要并发地执行 function1 和 function2，该怎么办呢？假设线程一(T-1)选择 function1 执行，线程二(T-2)选择 function2 执行。现在两个线程都准备好执行了，那么问题来了。如果 T-1 在 T-2 之前执行，情况会如何？由于两个函数(function1 和 function2)都依赖全局变量 global，并发地执行这些函数就会引起不良的影响。现在把这些函数改为纯函数，如代码清单 1-11 所示：

代码清单 1-11　纯函数

```
let function1 = (input,global) => {
        // 处理 input
        // 改变 global
        global = "somethingElse"
}
let function2 = (global) => {
        if(global === "something")
        {
                // 业务逻辑
        }
}
```

此处我们移动了 global 变量，把它作为两个函数的参数，使它们变成纯函数。现在可以并发地执行这两个函数了，不会带来任何问题。由于函数不依赖外部环境(global 变量)，因此我们不必再像代码清单 1-10 那样担心线程的执行顺序。

本节说明了纯函数是如何使代码并发执行的，你不必担心任何问题。

1.7　可缓存

既然纯函数总是为给定的输入返回相同的输出，那么我们就能够缓存函数的输出。讲得更具体些，请看下面的例子。假设有一个做耗时计算的函数，名为 longRunningFunction：

```
var longRunningFunction = (ip) => { //do long running tasks and return }
```

如果 longRunningFunction 函数是纯函数，我们知道对于给定的输入，它总会返回相同的输出！考虑到这一点，为什么要通过多次的输入来反复调用该函数呢？不能用函数的上一个结果代替函数调用吗？

(此处再次注意我们是如何使用引用透明性概念的，因此，用上一个结果值代替函数不会改变上下文)。假设我们有一个记账对象，它存储了longRunningFunction函数的所有调用结果，如下所示：

```
var longRunningFnBookKeeper = { 2 : 3, 4 : 5 . . . }
```

longRunningFnBookKeeper是一个简单的JavaScript对象，存储了所有的输入(key)和输出(value)，它是longRunningFunction函数的调用结果。现在使用纯函数的定义，我们能够在调用原始函数之前检查key是否在longRunningFnBookKeeper中，如代码清单1-12所示：

代码清单1-12 通过纯函数缓存结果

```
var longRunningFnBookKeeper = { 2 : 3, 4 : 5 }
// 检查key是否在longRunningFnBookKeeper中
// 如果在，则返回结果，否则更新记账对象
longRunningFnBookKeeper.hasOwnProperty(ip) ?
      longRunningFnBookKeeper[ip] :
      longRunningFnBookKeeper[ip] = longRunningFunction(ip)
```

上面的代码相当直观。在调用真正的函数之前，我们用相应的ip检查函数的结果是否在记账对象中。如果在，则返回之，否则就调用原始函数并更新记账对象中的结果。看到了吗？用更少的代码很容易使函数调用可缓存。这就是纯函数的魅力！

在本书后面，我们将编写一个使用纯函数调用的用于处理缓存或技术性记忆(technical memorization)的函数库。

1.8 管道与组合

使用纯函数，我们只需要在函数中做一件事。纯函数能够自我理解，通过其名称就能知道它所做的事情。纯函数应该被设计为只做一件事。只做一件事并把它做到完美是UNIX的哲学，我们在实现纯函数时也将遵循这一原则。UNIX和LINUX平台有很多用于日常任务的命令。例如，cat用于打印文件内容，grep用于搜索文件，wc用于计算行数等。这些命令的确一次只解决一个问题。但是我们可以用组合或管道来完成

复杂的任务。假如我们要在一个文件中找到一个特定的名称并统计它的出现次数。在命令提示符中要如何做？命令如下：

```
cat jsBook | grep -i "composing" | wc
```

上面的命令通过组合多个函数解决了我们的问题。组合不是 UNIX/LINUX 命令行独有的，但它们是函数式编程范式的核心。我们把它们称为函数式组合(Functional Composition)。假设同样的命令行在 JavaScript 函数中已经实现了，我们就能够根据同样的原则使用它们来解决问题！

现在考虑用一种不同的方式解决另一个问题。你想计算文本中的行数。如何解决呢？你已经有了答案。不是吗？

根据我们的定义，命令实际上是一种纯函数。它接受参数并向调用者返回输出，不改变任何外部环境！

注意

也许你在想，JavaScript 支持用于组合函数的操作符“|”吗？答案是否定的，但是我们可以创建一个。后面的章节将创建相应的函数。

遵循一个简单的定义，我们收获了很多好处。在结束本章之前，我想说明纯函数与数学函数之间的关系。

1.9 纯函数是数学函数

在 1.7 节“可缓存”中我们见过如下一段代码(代码清单 1-12)：

```
var longRunningFunction = (ip) => { // 执行长时间运行的任务并返回
var longRunningFnBookKeeper = { 2 : 3, 4 : 5 }
// 检查 key 是否在 longRunningFnBookKeeper 中
// 如果在，则返回结果，否则更新记账对象
longRunningFnBookKeeper.hasOwnProperty(ip) ?
      longRunningFnBookKeeper[ip] :
      longRunningFnBookKeeper[ip] = longRunningFunction(ip)
```

这段代码的主要目的是缓存函数调用。我们通过记账对象实现了该功能。假设我们多次调用了 longRunningFunction，longRunningFnBookKeeper 增长为如下的对象：

```
longRunningFnBookKeeper = {
   1 : 32,
   2 : 4,
   3 : 5,
   5 : 6,
   8 : 9,
   9 : 10,
   10 : 23,
   11 : 44
}
```

现在假设 longRunningFunction 的输入范围限制为 1-11 的整数(正如例子所示)。由于我们已经为这个特别的范围构建了记账对象，因此只能参照 longRunningFnBookKeeper 来为给定的输入返回输出。

下面分析一下该记账对象。该对象为我们清晰地描绘出，函数 longRunningFunction 接受一个输入并为给定的范围(在这个例子中，是 1-11)映射输出。此处的关键是，输入(在这个例子中，是 key)具有强制的、相应的输出(在这个例子中，是结果)。在 key 中也不存在映射两个输出的输入。

通过上面的分析，我们再看一下数学函数的定义(这次是来自维基百科的更具体的定义，网址为 https://en.wikipedia.org/wiki/Function_(mathematics))：

在数学中，函数是一种输入集合和可允许的输出集合之间的关系，具有如下属性：每个输入都精确地关联一个输出。函数的输入称为参数，输出称为值。对于一个给定的函数，所有被允许的输入集合称为该函数的定义域，而被允许的输出集合称为值域。

上面的定义与纯函数完全一致！看一下 longRunningFnBookKeeper 对象。你能找到函数的定义域和值域吗？当然可以！通过这个非常简单的例子，很容易看到数学函数的思想被借鉴到函数式范式的世界(正如本章开始阐述的那样)。

1.10　我们要构建什么

本章介绍了很多关于函数和函数式编程的知识。有了这些基础知识，我们将构建一个名为 ES6-Functional 的函数式库。这个库将在全书中逐章地构建。通过构建这个函数式库，你将探索如何使用 JavaScript 函数，以及如何在日常工作中应用函数式编程(使用创建的函数解决代码库中的问题)！

1.11　JavaScript 是函数式编程语言吗

在结束本章之前，我们要回答一个基础的问题。JavaScript 是函数式编程语言吗？答案不置可否。在本章的开头，我们说函数式编程主张函数必须接受至少一个参数并返回一个值。不过坦率地讲，我们可以创建一个不接受参数并且实际上什么也不返回的函数。例如，下面的代码在 JavaScript 引擎中是一段有效的代码：

```
var useless = () => {}
```

上面的代码在 JavaScript 中执行时不会报错！原因是 JavaScript 不是一种纯函数语言(比如 Haskell)，而更像是一种多范式语言。但是如本章所讨论的，这门语言非常适合函数式编程范式。到目前为止，我们讨论的技术和好处都可以应用于纯 JavaScript！这就是书名的由来！

JavaScript 语言支持将函数作为参数，以及将函数传递给另一函数等特性——主要原因是 JavaScript 将函数视为一等公民(我们将在后续章节做更多的讨论)。由于函数定义的约束，开发者需要在创建 JavaScript 函数时将其考虑在内。如此，我们就能从函数式编程中获得很多优势，正如本章中讨论的一样。

1.12 小结

在本章中，我们介绍了在数学和编程世界中函数的定义。我们从数学函数的简单定义开始，研究了短小而透彻的函数例子和 JavaScript 中的函数式编程。还定义了什么是纯函数并详细讨论了它们的益处。在本章结尾，我们说明了纯函数和数学函数之间的关系。还讨论了 JavaScript 如何被视为一门函数式编程语言。通过本章的学习，你将收获颇丰。

在下一章中，我们将学习用 ES6 创建并执行函数。用 ES6 创建函数有多种方式，我们将在下一章中学习这些方式！

第 2 章

JavaScript 函数基础

注意

本章的示例和类库源代码在chap02分支。仓库的URL是: https://github.com/antoaravinth/functional-es6.git。

检出代码时，请检出 chap02 分支:

```
...
git checkout -b chap02 origin/chap02
...
```

为使代码运行起来，和以前一样，执行命令:

```
...
npm run playground
...
```

在上一章中，我们介绍了函数式编程。我们看到软件世界中的函数就是数学函数。我们花了大量时间讨论纯函数如何能够为我们带来巨大的优势，比如并发代码、可缓存等。现在我们确信函数式编程的一切都是围绕函数展开的。

在本章中，我们将了解如何在 JavaScript 中使用函数。我们将使用最新的 JavaScript 版本 ES6。本章是在 ES6 中如何创建函数、调用函数以及传递参数的补习课程，但不会研究所有的 ES6 特性。但这不是本书的目的。强烈建议你尝试书中所有的代码片段，以便掌握使用 ES6 函数(更准确地说，是箭头函数)的要领。

对如何使用函数有了透彻的理解后，我们将专注于如何在系统中运行 ES6 代码。到今天为止，浏览器并不能支持所有的 ES6 特性。为了解决该问题，我们将使用一个名为 babel 的工具。在本章结尾，我们将展开创建函数式库的基础工作。为此，我们将使用一个由 babel-node 工具设置的 Node 项目，以便在系统中运行 ES6 代码。

2.1 ECMAScript 历史

ECMAScript 是 JavaScript 的规范，由 ECMA 国际标准化组织维护，编号是 ECMA-262 和 ISO/IEC 16262。有三个版本的 ECMAScript，具体如下：

(1) **ECMAScript1**——JavaScript 语言的第一个版本，发布于 1997 年。

(2) **ECMAScript2**——JavaScript 语言的第二个版本，包含了对前一个版本的小幅改动，发布于 1998 年。

(3) **ECMAScript3**——该版本引入了一些特性，发布于 1999 年。

(4) **ECMAScript5**——现在该版本被几乎所有的浏览器支持，它引入了严格模式，发布于 2009 年。**ECMAScript5.1** 有小幅修正，发布于 2011 年 6 月。

(5) **ECMAScript6**——在该版本中，JavaScript 有很多改变，比如引入了 class、Symbol、箭头函数和 Generator 等。今天很多浏览器还不支持。

在本书中，我们把 ECMAScript 称为 ES6。如此两个术语就可以互换了。

2.2　创建并执行函数

在本节中，我们将了解如何用 ES6 的多种方式创建和执行函数。本节将会比较长，但是会很有趣！

既然今天很多浏览器还不支持 ES6，就需要寻找一种方法来平稳地运行 ES6 代码。下面介绍一下 babel。它是一个转换编译器，能够把 ES6 代码转换为有效的 ES5 代码(注意，上一节我们提到过 ES5 可运行在当今所有的浏览器中)。通过把代码转换为 ES5，开发者就可以毫无障碍地学习并使用 ES6 特性。我们可以使用 babel 运行本书中出现的所有代码示例。安装 babel 的方法在附录 A 中有介绍。在开始之前，请参阅附录 A 并安装 babel。

安装完成后，让我们从第一个简单的 ES6 函数开始吧。

2.2.1　第一个函数

我们将用 ES6 定义第一个示例函数。在 ES6 中最简单的函数可以写成如下形式(代码清单 2-1)：

代码清单 2-1　一个简单的函数

```
() => "Simple Function"
```

如果在 babel-repl 中尝试运行该函数，可以看到如下结果：

```
[Function]
```

注意

代码示例不是必须运行在 babel 中。如果使用最新版本的浏览器并确信它支持 ES6(可以在此处检验：https://kangax.github.io/compat-table/es6/)，你就可以使用浏览器控制台来运行代码片段。毕竟这是一种选择。如果在 Chrome 中运行了代码，上面的代码片段应该返回如下结果：

```
function () => "Simple Function"
```

此处需要注意的是，结果可能根据运行代码片段的环境而展现不同的函数表达。

是的，我们有函数了！花点时间来分析一下上面的函数。把它们分解一下：

```
() => "Simple Function"

// ()代表函数参数
// =>是函数体/定义的开始
// =>后面的内容是函数体/定义
```

在 ES6 中可以省略 function 关键词来定义函数。可以看到，我们使用了=>操作符来定义函数体。在 ES6 中以这种方式创建的函数称为箭头函数。我们将在全书中使用箭头函数。

定义了函数后，我们可以执行它并看一下结果。等等！该函数没有名字。那么如何调用它呢？

注意

没有名字的函数称为匿名函数。在下一章中见到高阶函数时，我们就能理解在函数式编程范式中匿名函数的用途了。

让我们给它指定一个名字，如代码清单 2-2 所示。

代码清单 2-2　一个简单的有名字的函数

```
var simpleFn = () => "Simple Function"
```

既然现在可以访问函数 simpleFn，就能够使用该引用去执行它：

```
simpleFn()
// 在控制台中返回“Simple Function”
```

很好！我们在 ES6 中创建并执行了一个函数。

可以看到，在 ES5 中同样的函数看起来很像。可以使用 babel 把代码转换为 ES5，使用如下命令：

```
babel simpleFn.js --presets babel-preset-es2015 --out-file
  script-compiled.js
```

这将在当前目录下生成一个 script-compiled.js 文件。在编辑器中打开该文件：

```
"use strict";

var simpleFn = function simpleFn() {
  return "Simple Function";
};
```

这是等价的 ES5 代码！可以感受到，在 ES6 中书写函数要容易和简洁得多！在转换后的代码片段中，有两个重要的地方需要注意。我们将逐一讨论。

2.2.2　严格模式

本节将讨论 JavaScript 中的“严格模式”。了解它的好处，以及为什么应该选择“严格模式”。

可以看到，转换后的代码运行在严格模式下，如下所示：

```
"use strict";

var simpleFn = function simpleFn() {
  return "Simple Function";
};
```

严格模式和 ES6 没有关系，但是在此处讨论是一个正确选择。正如在 2.1 节“ECMAScript 历史”中讨论的，严格模式在 ES5 中被引入 JavaScript。

简言之，严格模式是一种 JavaScript 的受限变体。运行在严格模式下的同样的 JavaScript 代码与没有使用严格模式的代码在语义上有所不同。所有没有在 js 文件中加入 use strict 的代码片段将进入非严格模式。

为什么要使用严格模式？它的优势是什么？在 JavaScript 中使用严格模式有很多优势。其中一点是如果你在全局状态下定义一个变量(也就是不使用 var 命令指定)，如下所示：

```
"use strict";

globalVar = "evil"
```

在严格模式下这段代码将会报错！这对于开发者来说是一个有用的异常捕捉，因为全局变量在 JavaScript 中非常有害！但是如果同样的代码在非严格模式下运行就不会报错！

如你猜想的那样，在 JavaScript 中同样的代码可能产生不同的结果，无论你运行在严格还是非严格模式下。既然严格模式非常有帮助，我们将在转换编译 ES6 代码时让 babel 使用严格模式。

注意

可以把 use strict 放在 JavaScript 文件的开头，这种情况下它将在这个特定的文件中检查所有的函数。或者只在特定的函数中使用严格模式。这种情况下，严格模式只应用于那个特定的函数，其他函数则仍在非严格模式下运行。更多介绍请参阅 MDN(https://developer.mozilla.org/en-US/docs/Web/JavaScript/Reference/Strict_mode)。

2.2.3 return 语句是可选的

在转换后的 ES5 代码片段中，我们看到 babel 在 simpleFn 中添加了 return 语句。

```
"use strict";

var simpleFn = function simpleFn() {
  return "Simple Function";
};
```

然而在真正的 ES6 代码中，我们并没有指定任何 return 语句：

```
var simpleFn = () => "Simple Function"
```

因此在 ES6 中，如果有一个只有一条语句的函数，那么它隐式地表示它返回了一个值。那么含有多条语句的函数情况如何呢？如何在 ES6 中创建它们？

2.2.4 多语句函数

现在我们将了解如何在 ES6 中编写多语句函数。把 simpleFn 变得复杂些，如代码清单 2-3 所示：

代码清单 2-3　多语句函数

```
var simpleFn = () => {
   let value = "Simple Function"
   return value;
} // 用 { } 包裹多条语句
```

运行上面的代码，将得到与之前一样的结果。但是此处使用了多条语句去完成同样的行为。除此之外，你可能注意到我们使用了 let 关键字定义 value 变量。let 关键字是 JavaScript 新增的关键字。它允许你声明限制在一个特定块作用域内的变量！这与 var 关键字不同，var 在一个函数内全局地定义变量，不管它定义在哪个块。

讲得更具体些，我们使用在一个 if 块中的 var 和 let 关键字编写相同的函数，如代码清单 2-4 所示。

代码清单 2-4　使用 var 和 let 关键字的 simpleFn

```
var simpleFn = () => { // 函数作用域
   if(true) {
      let a = 1;
      var b = 2;
      console.log(a)
      console.log(b)
   } // if 块作用域
   console.log(b) // 函数作用域
   console.log(a) // 函数作用域
}
```

运行该函数将给出如下输出：

```
1
2
2
Uncaught ReferenceError: a is not defined(...)
```

从输出中可以看出，用 let 关键字声明的变量只在 if 块内可访问，在块外则不可。正如你注意到的，当我们在块外访问变量 a 的时候，JavaScript 抛出了异常！但是对于用 var 声明的变量并非如此。它将变量作用域声明为整个函数。这就是变量 b 在 if 块外可被访问的原因。

由于我们在后面非常需要块作用域，因此在全书中将使用 let 关键字定义变量。

2.2.5 函数参数

ES6 用参数创建函数的方式与 ES5 一样。看下面的例子(代码清单 2-5)。

代码清单 2-5 有参数的函数

```
var identity = (value) => value
```

此处创建了 identity 函数，它接受 value 作为参数并将它返回。如你所见，ES6 用参数创建函数的方式与 ES5 一样，只有创建函数的语法改变了。

2.2.6 ES5 函数在 ES6 中是有效的

在结束本节前，我们要明确一个重点。用 ES5 编写的函数在 ES6 中仍然有效！ES6 引入箭头函数只是一件小事，并不会取代旧的函数语法或其他任何事情。但在全书中我们将使用 ES6 函数来展现函数式编程方法。

2.3 设置项目

理解如何创建 ES6 箭头函数后，我们将焦点切换到本节的项目设置上。我们将把项目设置为一个 Node 项目，在本节结束时，编写第一个函数式函数。让我们开始吧！

注意

确认你已经遵循附录 A 安装了 Node 和 npm。

2.3.1 初始设置

本节将遵循一个简单的循序渐进的指南来设置环境。步骤如下：

(1) 第一步，创建一个存放源代码的目录。创建一个目录并任意命名。

(2) 进入目录并在终端上运行如下命令：

```
npm init
```

(3) 运行步骤 2 后，它会提出一组问题，你可以提供想要的值。一旦完成，它将在当前目录下创建名为 package.json 的文件。

已创建的 package.json 文件如代码清单 2-6 所示。

代码清单 2-6 package.json 文件的内容

```
{
  "name": "learning-functional",
  "version": "1.0.0",
  "description": "Functional lib and examples in ES6",
  "main": "index.js",
  "scripts": {
    "test": "echo \"Error: no test specified\" && exit 1"
  },
  "author": "Anto Aravinth @antoaravinth",
  "license": "ISC"
}
```

现在需要添加一些允许我们编写并执行 ES6 代码的类库。在当前目录下运行下面的命令：

```
npm install --save-dev babel-preset-es2015-node5
```

注意

本书使用的 babel 版本是“babel-preset-es2015-node5”。当你读到此处时，这个特定的版本很可能已经过时了。你可以自由地安装最新的版本，并且一切都应该很顺利。但是在本书中，我们将使用这个特定的版本。

上面的命令会下载名为 ES2015-Node5 的 babel 包，这个包的主要目的是允许 ES6 代码在 Node js 平台上运行。原因是写这本书的时候，Node js 还没有完全兼容 ES6 的特性。

一旦运行了上面的代码，就能在当前目录下看到一个名为 node_modules 的文件夹被创建了，babel-preset-es2015-node5 文件夹就在其中。

由于我们在安装时使用了--save-dev，npm 会把相应的 babel 依赖添加到 package.json 中。现在打开 package.json，它的内容如代码清单 2-7 所示。

代码清单 2-7　添加 devDependencies 之后

```
{
  "name": "learning-functional",
  "version": "1.0.0",
  "description": "Functional lib and examples in ES6",
  "main": "index.js",
  "scripts": {
    "test": "echo \"Error: no test specified\" && exit 1"
  },
  "author": "Anto Aravinth @antoaravinth>",
  "license": "ISC",
  "devDependencies": {
    "babel-preset-es2015-node5": "^1.2.0",
    "babel-cli": "^6.23.0"
  }
}
```

babel 安装完毕了，继续创建两个名为 lib 和 functional-playground 的目录。目录结构如下：

```
learning-functional
- functional-playground
- lib
- node_modules
- babel-preset-es2015-node5/*
- package.json
```

现在我们要把所有的函数式类库代码放到 lib 中，并使用 functional-playground 去运行和理解函数式技术。

2.3.2　用第一个函数式方法处理循环问题

假设我们要遍历数组并把数据打印到控制台。用 JavaScript 如何实现？见代码清单 2-8。

代码清单 2-8　循环数组

```
var array = [1,2,3]
for(i=0;i<array.length;i++)
console.log(array[i])
```

我们在第 1 章“函数式编程简介”中讨论过，把操作抽象为函数是函数式编程的核心思想。因此，需要把该操作抽象为函数，以便在任何需要的时候能够重用，这优于重复地告诉程序“如何”去遍历该循环。

在 lib 目录中创建一个名为 es6-functional.js 的文件。目录结构如下：

```
learning-functional
  - functional-playground
  - lib
    - es6-functional.js
  - node_modules
    - babel-preset-es2015-node5/*
  - package.json
```

继续将下面的内容添加到文件中。见代码清单 2-9。

代码清单 2-9　forEach 函数

```
const forEach = (array,fn) => {
   let i;
   for(i=0;i<array.length;i++)
      fn(array[i])
}
```

注意

目前不必关心该函数是如何运行的。我们将在下一章中看到高阶函数的运行机制，并列举大量的例子。

你可能注意到，我们以一个关键字 const 作为开头来定义函数。该关键字是 ES6 的一部分，用于声明常量。例如，如果尝试用相同的名称重新赋值变量，比如：

```
forEach = "" // 使函数成为一个字符串!
```

上面的代码将会抛出如下的错误：

```
TypeError: Assignment to constant variable.
```

这会防止它被意外地重新赋值！现在使用上面的函数把所有的数组数据打印到控制台。为此，在 functional-playground 目录中创建一个名为 play.js 函数的文件。目录结构如下：

```
learning-functional
  - functional-playground
    - play.js
  - lib
  - es6-functional.js
- node_modules
  - babel-preset-es2015-node5/*
- package.json
```

我们将在 play.js 文件中调用 forEach。但是我们如何调用不同文件中的函数呢？

2.3.3 export 要点

ES6 也引入了模块的概念。ES6 模块存储在文件中。在我们的例子中，可以把 es6-functional.js 文件本身看作一个模块。伴随模块的概念，产生了 import 和 export 语句。在上例中，需要导出 forEach 函数以便其他模块可以使用。因此，我们可以在 es6-functional.js 文件中将代码做如下更改。见代码清单 2-10。

代码清单 2-10 导出 forEach 函数

```
   let i;
   for(i=0;i<array.length;i++)
      fn(array[i])
}
export default forEach

   in our es6-functional.js file.
```

2.3.4 import 要点

如代码清单 2-10，现在已经导出了函数，继续通过 import 调用它！打开 play.js 文件并添加如代码清单 2-11 所示的代码。

代码清单 2-11　导入 forEach 函数

```
import forEach from '../lib/es6-functional.js'
```

上面一行代码告诉 JavaScript 从 es6-functional.js 中导入一个名为 forEach 的函数。现在该 forEach 函数在整个文件中都可用了。向 play.js 中加入代码，如代码清单 2-12 所示。

代码清单 2-12　使用导入的 forEach 函数

```
import forEach from '../lib/es6-functional.js'
var array = [1,2,3]
forEach(array,(data) => console.log(data)) // 引用导入的 forEach
```

2.3.5　使用 babel-node 运行代码

让我们运行 play.js 文件吧。由于在文件中使用了 ES6，因此必须使用 babel-node 来运行代码。babel-node 用于转换编译 ES6 代码并使其在 Node js 上运行。babel-node 应该与 babel-cli 一起安装。

注意

仅当全局安装了 babel-cli 时，才能在终端中使用 babel-node。请参阅附录 A 来全局安装 cli。

我们可以在项目的根目录下调用 babel-node，如下所示：

```
babel-node functional-playground/play.js --presets es2015-node5
```

上面的命令告诉我们，play.js 文件应该用 es2015-node5 转换编译并在 Node js 中运行。输出应该如下：

```
1
2
3
```

现在我们已经把逻辑抽象出来并放入一个函数。假设你要遍历数组并将数组的内容乘以 2 再打印，要如何处理？只需要简单地重用 forEach 就可以了。

```
forEach(array,(data) => console.log(2 * data))
```

这将如预期一样打印输出！

注意

我们将在全书中使用这种模式。我们将用命令式的方法讨论问题。然后用函数式技术实现并封装到 es6-functional.js 中的一个函数中。最后在 play.js 文件中使用！

2.3.6 在 npm 中创建脚本

我们看到了如何运行 play.js 文件。但是要做的事情还很多！每次都要运行如下的代码：

```
babel-node functional-playground/play.js --presets es2015-node5
```

比这更好的方法是把如下命令绑定到 npm 脚本中。我们要相应地修改 package.json。如代码清单 2-13 所示。

代码清单 2-13 向 package.json 添加 npm 脚本

```
{
  "name": "learning-functional",
  "version": "1.0.0",
  "description": "Functional lib and examples in ES6",
  "main": "index.js",
  "scripts": {
    "playground" : "babel-node functional-playground/play.js --presets
    es2015-node5"
  },
  "author": "Anto Aravinth @antoaravinth",
  "license": "ISC",
  "devDependencies": {
    "babel-preset-es2015-node5": "^1.2.0"
  }
}
```

现在把 babel-node 命令添加到脚本中。如此就能够以如下方式运行 playground 文件(node functional-playground/play.js)。

```
npm run playground
```

这条命令将会像之前一样运行。

2.3.7　从 git 上运行源代码

我们在本章中讨论的代码都会发布到 git 仓库((https://github.com/antoaravinth/functional-es6)。可以使用 git 把它们克隆到系统中，如下所示：

```
git clone https://github.com/antoaravinth/functional-es6.git
```

克隆仓库后，可以切换到某个特定章节的源代码分支。每一章在仓库中都有自己的分支。例如，为了查看第 2 章中使用的代码示例，你需要如此做：

```
git checkout -b chap02 origin/chap02
```

检出分支后，就可以与之前一样运行 playground 文件！

2.4　小结

在本章中，我们花了大量时间了解如何在 ES6 模块中使用函数。了解了箭头函数是如何在 ES6 中被引入并使用的。利用 babel 工具的优势在 Node 平台上无缝地运行 ES6 代码。也创建了一个 Node 项目。在项目中，了解了如何使用 babel-node 转换 ES6 代码，并使用 presets 使其运行在 Node 环境中。也了解了如何下载并运行书中的源代码。有了这些技术，在下一章中我们将专注于高阶函数！

第 3 章

高阶函数

注意

本章的示例和类库源代码在chap03分支。仓库的URL是: https://github.com/ antoaravinth/functional-es6.git。

检出代码时，请检出 chap03 分支:

```
...
git checkout -b chap03 origin/chap03
...
```

为使代码运行起来，和以前一样，执行命令:

```
...
npm run playground
...
```

在上一章中，我们了解了如何在 ES6 中创建简单的函数。也用 Node 生态系统设置了函数式编程的运行环境。实际上，在上一章中我们创建了第一个名为 forEach 的函数式编程 API。还有一些特别的东西：我们传入了一个函数作为 forEach 函数的参数。此处没有什么技巧，函数作为参数传递是 JavaScript 规范的一部分。JavaScript 作为一门语言将函数视为数据。允许以函数代替数据传递是一个非常强大的概念。接受另一函数作为其参数的函数称为高阶函数(Higher-Order Function)。

我们将在本章中深入研究高阶函数。我们将从一个简单的例子和高阶函数的定义开始。然后通过更多真实的例子了解高阶函数如何帮助程序员轻松地解决复杂问题。与之前一样，我们将把在本章中创建的高阶函数添加到类库中。让我们开始吧！

注意

我们将创建一些高阶函数并将其添加到类库中。我们这么做是为了理解其背后的运行机制。类库对于学习当前的资源是有益的，但并没有为生产环境做好准备。请记住这一点。

3.1 理解数据

作为程序员我们知道，程序作用于数据。数据对于程序的执行很重要。因此，几乎所有的编程语言都为程序员提供了可操作的数据。例如，我们可以把一个人的名字存入一个 String 数据类型。JavaScript 提供了一些数据类型，我们将在下一节中看到。在本节结尾，我们将用简明的示例引入高阶函数的明确定义。

3.1.1 理解 JavaScript 数据类型

每种编程语言都有数据类型。这些数据类型能够存储数据并允许程序作用其中。在本节中，我们将了解 JavaScript 的数据类型。

简单地讲，JavaScript 支持如下几种数据类型：

- Number
- String
- Boolean
- Object
- null
- undefined

重要的是函数也可作为 JavaScript 的一种数据类型。由于函数是类似 String 的数据类型，因此我们就能够传递它们，或把它们存入一个变量等。这与对 String 和 Number 类型的操作非常相似。当一门语言允许函数作为任何其他数据类型使用时，函数被称为一等公民(First Class Citizens)。也就是说，函数可被赋值给变量，作为参数传递，也可被其他函数返回。在下一节中，我们将看到一个存储和传递函数的例子。

3.1.2　存储函数

如上一节所提到的，函数就是数据。既然它是数据，就可以把它存入一个变量。下面的代码(代码清单 3-1)从字面上讲是一段有效的 JavaScript 代码。

代码清单 3-1　把一个函数存入变量

```
let fn = () => {}
```

在上面的代码片段中，fn 就是一个指向函数数据类型的变量。运行下面的代码快速地检查，fn 的类型就是 function。

```
typeof fn
=> "function"
```

既然 fn 是函数的引用，就可以这样调用它：

```
fn()
```

上面的代码将执行 fn 指向的函数。

3.1.3　传递函数

作为 JavaScript 程序员，我们知道如何向一个函数传递数据。考虑下面的函数(代码清单 3-2)，它接受一个参数并将参数的类型打印到控制台。

代码清单 3-2　tellType 函数

```
var tellType = (arg) => {
        console.log(typeof arg)
}
```

向 tellType 函数传入参数并看它的执行结果：

```
let data = 1
tellType(data)
=> number
```

没有特别之处。如上一节所见，我们可以把函数存入一个变量(因为 JavaScript 中的函数就是数据)。那么传递一个引用函数的变量会如何呢？下面快速检验一下：

```
var dataFn = () => {
        console.log("I'm a function")
}
tellType(dataFn)
=> function
```

太棒了！如果传入参数的类型是 function，我们就使 tellType 执行它，如代码清单 3-3 所示。

代码清单 3-3 如果参数是函数，tellType 就执行它

```
var tellType = (arg) => {
   if(typeof arg === "function")
      arg()
   else
         console.log("The passed data is " + arg)
}
```

此处检查传入的 arg 类型是否为 function。如果是，则调用它。记住，如果一个变量的类型是 function，这表示它引用了一个可以被执行的函数。这就是为什么在上面代码片段中，如果程序进入 if 语句，我们就调用 arg()。

下面通过传递 dataFn 变量来执行 tellType：

```
tellType(dataFn)
=> I'm a function
```

我们成功地把函数 dataFn 传递给另一个函数 tellType，而 tellType 执行了传入的函数。非常简单。

3.1.4 返回函数

我们介绍了如何把一个函数传递给另一个函数。既然函数是 JavaScript 中的简单数据，就能把它们从其他函数中返回(就像其他数据类型)。

我们举一个函数的例子，它返回了另一个函数，如代码清单 3-4 所示。

代码清单 3-4 返回 String 的 crazy 函数

```
let crazy = () => { return String }
```

注意

JavaScript 有一个名为 String 的内置函数。我们可以使用该函数创建新的字符串值，如下所示:

```
String("HOC")

=> HOC
```

注意，crazy 函数返回一个指向 String 函数的函数引用。下面调用 crazy 函数:

```
crazy()
=> String() { [native code] }
```

如你所见，调用 crazy 函数返回了一个 String 函数。注意，它只返回了函数引用，但并没有执行函数。因此，可以暂存返回的函数引用，并以如下的方式调用:

```
let fn = crazy()
fn("HOC")
=> HOC
```

或者以如下的方式会更好些:

```
crazy()("HOC")
=> HOC
```

注意

我们将在所有返回其他函数的函数顶部使用简单的文档。这在后面会很有帮助，因为阅读源代码变得容易了。例如，crazy 函数的文档如下所示：

```
//Fn => String
let crazy = () => { return String }
```

Fn => String 注释帮助读者理解 crazy 函数，它执行并返回了另一个指向 String 的函数。

我们将在本书中使用这种可读的注释。

在最近几节中，我们了解到函数可以接受另一函数作为其参数，也看到一些函数不会返回另一个函数。现在应该引入高阶函数的定义了：

高阶函数是接受函数作为参数并且/或者返回函数作为输出的函数。

3.2 抽象和高阶函数

现在我们了解了如何创建并执行高阶函数。一般而言，高阶函数通常用于抽象通用的问题。换句话讲，高阶函数就是定义抽象。

本节将讨论高阶函数与抽象的关系。

3.2.1 抽象的定义

维基百科帮助我们获得了抽象的定义：

在软件工程和计算机科学中，抽象是一种管理计算机系统复杂性的技术。它通过建立一个人与系统进行交互的复杂程度，把更复杂的细节抑制在当前水平之下。程序员应该使用理想的界面(通常定义良好)，并且可以添加额外级别的功能，否则处理起来将会很复杂。

介绍中还包含了如下文字(我们对此产生了兴趣)：

例如，一个编写涉及数值操作代码的程序员可能不会对底层硬件中的数字表现方式感兴趣(例如，不在乎它们是 16 位还是 32 位整数)，包括这些细节在哪里被屏蔽。可以说，它们被抽象出来了，只留下简单的数字给程序员处理。

上面的文字清晰地给出了抽象的思想。抽象让我们专注于预定的目标而无须关心底层的系统概念。

3.2.2　通过高阶函数实现抽象

在本节中，我们将了解高阶函数如何实现上一节中讨论的抽象的概念。下面是在上一章中定义的 forEach 函数的代码片段(代码清单 2-9)：

```
const forEach = (array,fn) => {
        for(let i=0;array.length;i++)
                fn(array[i])
}
```

上面的 forEach 函数抽象出了遍历数组的问题。使用 API forEach 的用户不需要理解 forEach 是如何实现遍历的，如此问题就被抽象出来了。

注意

在 forEach 函数中，传入的 fn 函数被一个参数调用，并作为数组当前的遍历内容，如你所见：

```
. . .
    fn(array[i])
. . .
```

因此，当 forEach 函数的用户这样调用它时：

```
forEach([1,2,3],(data) => {
        // data 被作为参数从 forEach 函数传到当前的函数
})
```

---

forEach 本质上遍历了数组。那么如何遍历一个 JavaScript 对象呢？步骤如下：

(1) 遍历给定对象的所有 key。

(2) 识别 key 是否属于该对象本身。

(3) 如果步骤(2)为 true，则获取 key 的值。

下面把这些步骤抽象到一个名为 forEachObject 的高阶函数中。见代码清单 3-5。

代码清单 3-5　forEachObject 函数定义

```
const forEachObject = (obj,fn) => {
    for (var property in obj) {
            if (obj.hasOwnProperty(property)) {
                // 以 key 和 value 作为参数调用 fn
                fn(property, obj[property])
            }
    }
}
```

注意

forEachObject 接受第一个参数作为 JavaScript 对象(即 obj)，而第二个参数是一个函数 fn。它用上面的算法遍历对象，并分别以 key 和 value 作为参数调用 fn。

下面是运行结果：

```
let object = {a:1,b:2}
forEachObject(object, (k,v) => console.log(k + ":" + v))
=> a:1
=> b:1
```

注意一个重点，forEach 和 forEachObject 函数都是高阶函数，它们使开发者专注于任务(通过传递相应的函数)，而抽象出遍历的部分！由于这些遍历函数被抽象出来了，就能够彻底地测试它们，于是产生了简洁的代码库。有了高阶函数我们就会变得更加函数式。下面以抽象的方式实现对控制流程的处理。

为此，创建一个名为 unless 的函数。这是一个简单的函数，接受一个断言(值为 true 或 false)。如果 predicate 为 false，则调用 fn，如代码清单 3-6 所示。

代码清单 3-6　unless 函数定义

```
const unless = (predicate,fn) => {
```

```
        if(!predicate)
                fn()
}
```

有了 unless 函数，就可以编写一段简洁的代码来查找一个列表中的偶数。代码如下：

```
forEach([1,2,3,4,5,6,7],(number) => {
        unless((number % 2), () => {
                console.log(number, " is even")
        })
})
```

上面的代码执行后将输出：

```
2 ' is even'
4 ' is even'
6 ' is even'
```

上面的例子会从数组中获取偶数。如果要从 0 到 100 中获取偶数，该如何做呢？此处不能使用 forEach(当然，如果有一个[0,1,2,…,100]的数组也是可以的)。下面来看另一个名为 times 的高阶函数。times 是另一个简单的高阶函数，它接受一个数字，并根据调用者提供的次数调用传入的函数。times 函数如代码清单 3-7 所示。

代码清单 3-7　times 函数定义

```
const times = (times, fn) => {
  for (var i = 0; i < times; i++)
      fn(i);
}
```

times 函数与 forEach 函数类似，唯一不同的是我们操作的是一个 Number 而不是一个 Array。有了 times 函数，就能解决手头的问题了，如下所示：

```
times(100, function(n) {
  unless(n % 2, function() {
    console.log(n, "is even");
  });
});
```

这将打印出我们期望的结果：

```
0 'is even'
2 'is even'
4 'is even'
6 'is even'
8 'is even'
10 'is even'
. . .
. . .
94 'is even'
96 'is even'
98 'is even'
```

我们用上面的代码抽象出循环，条件判断被放在一个简明的高阶函数中。

看了一些高阶函数的例子，在下一节中，我们将讨论真实的高阶函数以及如何创建它们。

注意

我们在本章中创建的所有高阶函数都在分支 chap03 中。

3.3 真实的高阶函数

在本节中，我们将了解真实的高阶函数。我们将从简单的高阶函数开始，逐步进入复杂的高阶函数，这些函数是 JavaScript 开发者在日常工作中都会使用的。

注意

在下一章我们引入闭包概念后这些例子还会被用到。大多数高阶函数都会与闭包一起使用。

3.3.1 every 函数

作为 JavaScript 开发者，我们经常需要检查数组的内容是否为一个数字、自定义对象或其他类型。我们通常编写典型的循环方法来解决这些问题。但是，下面将把这些抽象到一个名为 every 的函数中。它接受两个参数：一个数组和一个函数。它使用传入的函数检查数组的所有元素是否为 true。实现方法如代码清单 3-8 所示。

代码清单 3-8　every 函数定义

```
const every = (arr,fn) => {
    let result = true;
    for(let i=0;i<arr.length;i++)
       result = result && fn(arr[i])
    return result
}
```

在此处我们简单地遍历传入的数组，并使用当前遍历的数组元素内容调用 fn。注意，传入的 fn 需要返回一个布尔值。然后我们使用&&运算确保所有的数组内容遵循 fn 给出的条件。

快速检验一下 every 函数能否运行良好。传入一个 NaN 数组，isNaN 作为 fn 传入，它检查给定的数字是否为 NaN：

```
every([NaN, NaN, NaN], isNaN)
=> true
every([NaN, NaN, 4], isNaN)
=> false
```

every 函数是一个典型的高阶函数，实现简单并且非常有用！在继续之前，我们要熟悉一下 for..of 循环，它是 ES6 规范的一部分。for..of 循环可用于遍历数组元素。下面用 for 循环重写 every 函数(代码清单 3-9)：

代码清单 3-9　使用 for-of 循环的 every 函数

```
const every = (arr,fn) => {
    let result = true;
    for(const value of arr)
       result = result && fn(value)
    return result
}
```

for..of 循环只是旧的 for 循环的抽象。可以看到，for..of 通过隐藏索引变量移除了对数组的遍历，等等。我们使用 every 抽象出了 for..of。

这就是抽象。如果下一个版本的 JavaScript 改变了 for..of 的使用方式，该怎么办呢？我们只需要在 every 函数中修改。这是抽象最大的好处。

3.3.2 some 函数

与 every 函数类似，我们还有一个名为 some 的函数。some 的工作方式与 every 恰好相反，因此，如果数组中的一个元素通过传入的函数返回 true，some 函数就将返回 true。some 函数也被称为 any 函数。为实现 some 函数，我们需要使用||而不是&&。如代码清单 3-10 所示。

代码清单 3-10 some 函数定义

```
const some = (arr,fn) => {
    let result = false;
    for(const value of arr)
       result = result || fn(value)
    return result
}
```

注意

every 函数和 some 函数都是低效的实现。every 函数应该在遇到第一个不匹配条件的元素时就停止遍历数组，some 函数应该在遇到第一个匹配条件的元素时就停止遍历数组。它们遇到大数组时是低效的。记住，在本章中我们在努力理解高阶函数的概念，而不是编写高效精确的代码。

有了 some 函数，就可以通过传入如下的数组来检验一下它的结果：

```
some([NaN,NaN, 4], isNaN)
=>true
some([3,4, 4], isNaN)
=>false
```

了解了 some 和 every 函数，下面来看 sort 函数以及高阶函数如何在其中扮演重要的角色。

3.3.3 sort 函数

sort 函数是 JavaScript 的 Array 原型的内置函数。假设我们需要给一个水果列表排序：

```
var fruit = ['cherries', 'apples', 'bananas'];
```

你可以简单地调用 sort 函数，它在 Array 原型中可用：

```
fruit.sort()
=> ["apples", "bananas", "cherries"]
```

如此简单。sort 函数是一个高阶函数，它接受一个函数作为参数，该函数用于帮助 sort 函数决定排序逻辑。简言之，sort 函数的签名如下：

```
arr.sort([compareFunction])
```

此处 compareFunction 是可选的。如果 compareFunction 未提供，元素将被转换为字符串并按 Unicode 编码点顺序排序。在本节中，不需要关心 Unicode 转换，因为我们的焦点在高阶函数上。此处的重点是，为了在排序时用我们的逻辑比较元素，需要传入 compareFunction。我们可以感受到 sort 函数设计得如此灵活，以至于通过传入 compareFunction 函数可以排序任何 JavaScript 数据。sort 函数灵活的原因要归功于高阶函数的本质！

在编写 compareFunction 之前，让我们看一下它实际上应该实现什么。compareFunction 应该实现下面的逻辑：https://developer.mozilla.org/en-US/docs/Web/JavaScript/Reference/Global_Objects/Array/sort。见代码清单 3-11。

代码清单 3-11　compare 函数的骨架

```
function compare(a, b) {
  if (根据某种排序标准 a 小于 b) {
    return -1;
  }
  if (根据某种排序标准 a 大于 b) {
    return 1;
  }
  // a 一定等于 b
  return 0;
}
```

举个简单的例子，假设我们有一个人员列表：

```
var people = [
    {firstname: "aaFirstName", lastname: "cclastName"},
    {firstname: "ccFirstName", lastname: "aalastName"},
    {firstname:"bbFirstName", lastname:"bblastName"}
];
```

现在需要使用对象中的 firstname 键对人员进行排序，以如下形式传入 compareFunction：

```
people.sort((a,b) => { return (a.firstname < b.firstname) ? -1 :
(a.firstname > b.firstname) ? 1 : 0 })
```

上面的代码将返回如下数据：

```
[ { firstname: 'aaFirstName', lastname: 'cclastName' },
{ firstname: 'bbFirstName', lastname: 'bblastName' },
{ firstname: 'ccFirstName', lastname: 'aalastName' } ]
```

根据 lastname 的排序如下：

```
people.sort((a,b) => { return (a.lastname < b.lastname) ? -1 :
(a.lastname>b.lastname) ? 1 : 0 })
```

它将返回：

```
[ { firstname: 'ccFirstName', lastname: 'aalastName' },
  { firstname: 'bbFirstName', lastname: 'bblastName' },
  { firstname: 'aaFirstName', lastname: 'cclastName' } ]
```

再次看一下 compareFunction 的逻辑：

```
function compare(a, b) {
  if (a is less than b by some ordering criterion) {
    return -1;
  }
  if (a is greater than b by the ordering criterion) {
    return 1;
  }
  // a must be equal to b
  return 0;
}
```

知道了 compareFunction 的算法，我们能做得更好些吗？不必每次编写 compareFunction，我们能把上面的逻辑抽象到一个函数中去吗？在上面的例子中可以看到，我们用几乎重复的代码编写了两个函数去比较 firstname 和 lastname。我们将要设计的函数不会以函数为参数，但是会返回一个函数。(记住，高阶函数也会返回一个函数)。

下面调用函数 sortBy，它允许用户基于传入的属性对对象数组排序，如代码清单 3-12 所示。

代码清单 3-12　sortBy 函数定义

```
const sortBy = (property) => {
    return (a,b) => {
        var result = (a[property] < b[property]) ? -1 : (a[property] >
b[property]) ? 1 : 0;
        return result;
    }
}
```

sortBy 函数接受一个名为 property 的参数并返回一个接受两个参数的新函数：

```
. . .
         return (a,b) => { }
. . .
```

返回的函数有一个非常简单的函数体，并清晰地描述了 compareFunction 逻辑：

```
. . .
(a[property] < b[property]) ? -1 : (a[property] > b[property]) ? 1 : 0;
. . .
```

假设我们使用属性名 firstname 调用函数，函数体将替换 property 参数，如下所示：

```
(a,b) => return (a['firstname'] < b['firstname']) ? -1 : (a['firstname'] >
b['firstname']) ? 1 : 0;
```

我们通过手动编写一个函数实现了想要的功能。sortBy 可以这样使用：

```
people.sort(sortBy("firstname"))
```

这将返回：

```
[ { firstname: 'aaFirstName', lastname: 'cclastName' },
  { firstname: 'bbFirstName', lastname: 'bblastName' },
  { firstname: 'ccFirstName', lastname: 'aalastName' } ]
```

根据 lastname 的排序如下：

```
people.sort(sortBy("lastname"))
```

返回：

```
[ { firstname: 'ccFirstName', lastname: 'aalastName' },
  { firstname: 'bbFirstName', lastname: 'bblastName' },
  { firstname: 'aaFirstName', lastname: 'cclastName' } ]
```

与以前一样！

真是太棒了！sort 函数接受被 sortBy 函数返回的 compareFunction！有很多这样的高阶函数！我们再次抽象出了 compareFunction 背后的逻辑，使用户得以专注于真正的需求。毕竟，高阶函数就是抽象！

但是，在此处暂停片刻并思考一下 sortBy 函数。记住，sortBy 函数接受一个属性并返回另一个函数。返回函数作为 compareFunction 传递给 sort 函数。此处的问题是，持有着 property 参数值的返回函数是如何得来的？

欢迎来到闭包的世界!sortBy 函数之所以能够运行是因为 JavaScript 支持闭包。在继续编写高阶函数之前，我们需要清晰地理解什么是闭包。闭包将是下一章的主题。

但请记住，我们将在下一章解释了闭包之后再编写真实的高阶函数。

3.4 小结

从 JavaScript 支持的数据类型开始，我们发现函数也是一种 JavaScript 数据类型。这样就能够在所有存储数据的地方存储函数。换句话说，函数能够被存储、传递并像 JavaScript 的其他数据类型一样被赋值。这种极端的 JavaScript 特性允许函数被传递给另一函数，我们称之为高阶函数。请记住，高阶函数是接受另一个函数作为参数或返回一个函数的函数。在本章中，我们看到了少量的例子，它们展示出高阶函数的概念可以帮助开发者编写将困难的部分抽象出来的代码！我们已经创建并向代码库中添加了一些这样的函数！我们以此结束本章：高阶函数的运行机制得益于 JavaScript 中另一个称为闭包的重要概念。闭包将是第 4 章的主题。

第 4 章

闭包与高阶函数

注意

本章的示例和类库源代码在chap04分支。仓库的URL是: https://github.com/antoaravinth/functional-es6.git。

检出代码时，请检出 chap04 分支:

```
...
git checkout -b chap04 origin/chap04
...
```

为使代码运行起来，和以前一样，执行命令:

```
...
npm run playground
...
```

在上一章中，我们了解了高阶函数如何抽象通用的问题！它是一个非常强大的概念。我们创建了 sortBy 高阶函数并展示了一个有效的相关用例。即使 sortBy 函数基于高阶函数运行(再次涉及将函数作为参数传递给另一个函数的概念)，它还与另一个在 JavaScript 中称为闭包的概念有关。

在继续函数式编程的旅程之前，闭包是一个我们需要理解的 JavaScript 概念。这正是本章的切入点。在本章中，我们将详细讨论闭包的含义，同时继续编写真实有用的高阶函数。闭包的概念与 JavaScript 的作用域有关。让我们用闭包开始下一节吧。

4.1 理解闭包

本节中将用一个简单的例子来了解闭包的含义，并继续研究 sortBy 函数是如何结合闭包工作的。

4.1.1 什么是闭包

简言之，闭包就是一个内部函数。那么什么是内部函数呢？它是在另一个函数内部的函数。比如：

```
function outer() {
   function inner() {
   }
}
```

这就是闭包。函数 inner 称为闭包函数。闭包如此强大的原因在于它对作用域链(或作用域层级)的访问。我们将在下一节中讨论作用域链。

注意

作用域链和作用域层级在本章中是可以互换的。

从技术上讲，闭包有 3 个可访问的作用域：

(1) 在它自身声明之内声明的变量

(2) 对全局变量的访问

(3) 对外部函数变量的访问(值得关注！)

下面通过一个简单的例子分别讨论这三点。考虑下面的代码片段：

```
function outer() {
  function inner() {
      let a = 5;
      console.log(a)
```

```
  }
  inner()//调用 inner 函数
}
```

当 inner 函数被调用时，控制台将输出什么？该值会是 5。主要原因是第 1 点。闭包函数可以访问所有在其声明内部声明的变量(见第 1 点)。此处没有那么高深！

注意

在上面的代码片段中有一点需要格外留意，inner 函数在 outer 函数的外部是不可见的！你可以去试一试。

现在将上面的代码片段修改为：

```
let global = "global"
function outer() {
   function inner() {
        let a = 5;
        console.log(global)
   }
   inner()//调用 inner 函数
}
```

现在当 inner 函数执行后，它将打印出变量 global。如此，闭包就能访问全局变量了(见第 2 点)。

通过例子，第 1 点和第 2 点已经清楚了。第 3 点非常有趣，声明可见如下的代码：

```
let global = "global"
function outer() {
   let outer = "outer"
   function inner() {
        let a = 5;
        console.log(outer)
   }
   inner()//调用 inner 函数
}
```

现在当 inner 函数执行后，它将打印出变量 outer。这看起来是合理的，但却是一个非常重要的闭包属性。

闭包能够访问外部函数的变量。此处外部函数的含义是包裹闭包函数的函数。

该属性使闭包变得非常强大！

注意

闭包可以访问外部函数的参数。为 outer 函数添加一个参数并在 inner 函数中尝试访问它。我会等你做完这个小练习。

4.1.2 记住闭包生成的位置

在上一节中，我们了解了什么是闭包。现在来看一个稍微复杂点的例子，它说明了另一个闭包中的重要概念——闭包可以记住它的上下文！

看下面的代码：

```
var fn = (arg) => {
        let outer = "Visible"
        let innerFn = () => {
                console.log(outer)
                console.log(arg)
        }
        return innerFn
}
```

代码很简单。innerFn 对于 fn 来说是一个闭包函数，并且 fn 被调用时返回了 innerFn。此处没什么特别的。

让我们运行 fn：

```
var closureFn = fn(5);
closureFn()
```

上面的代码将打印出：

```
Visible
5
```

通过调用 closureFn，程序是如何在控制台中打印出 Visible 和 5 的？背后发生了什么？让我们慢慢地分析。

在该例子中发生了两件事情：

(1) 当下面一行代码被调用时：

```
var closureFn = fn(5);
```

fn 被参数 5 调用。如前面 fn 的定义，它返回了 innerFn。

(2) 此处有趣的事情发生了。当 innerFn 被返回时，JavaScript 执行引擎视 innerFn 为一个闭包，并相应地设置了它的作用域。如上一节所见，闭包有 3 个作用域层级。这 3 个作用域层级(arg、outer 值将被设置到 inner 的作用域层级中)在 innerFn 返回时都被设置了！返回函数的引用存储在 closureFn 中。如此，当 closureFn 通过作用域链被调用时就记住了 arg、outer 值！

(3) 当我们最后调用 closureFn 时：

```
closureFn()
```

它打印出：

```
Visible
5
```

现在你可能猜到了，closureFn 是在第 2 步中当它被创建的时候记住它的上下文的(作用域，也就是 outer 和 arg)！因此，对 console.log 的调用才能正确地打印出结果。

你可能想知道，闭包的应用场景是什么？我们在 sortBy 函数中已经实战过了。下面快速回顾一下。

4.1.3 回顾 sortBy 函数

下面快速回顾一下在上一章中定义和使用的 sortBy 函数。

```
const sortBy = (property) => {
    return (a,b) => {
        var result = (a[property] < b[property]) ? -1 : (a[property] >
b[property]) ? 1 : 0;
        return result;
    }
}
```

当我们以如下方式调用 sortBy 函数时：

```
sortBy("firstname")
```

发生了下面的事情：

sortBy 函数返回了一个接受两个参数的新函数，如下所示：

```
(a,b) => { /* 实现 */ }
```

我们已经熟悉了闭包并且知道返回函数能够访问 sortBy 函数的参数 property。由于该函数只有在 sortBy 被调用时才会返回，而这时 property 参数会被替换为一个值；因此，返回函数将在其生命周期中持有该上下文：

```
// 通过闭包持有的作用域
property = "passedValue"
(a,b) => { /* 实现 */ }
```

由于返回函数在它的上下文中持有 property 的值，所以它将在合适并且需要的时候使用返回值。有了这些说明，我们就可以理解闭包和高阶函数了，它们让我们能够编写像 sortBy 这样的函数，抽象出内部的细节，在函数式世界中继续前行！

本节要消化很多东西。在下一节中，我们将继续使用闭包和高阶函数编写抽象函数。

4.2 真实的高阶函数（续）

有了对闭包的理解，我们将实现一些真实有用的高阶函数。

4.2.1 tap 函数

由于我们要在函数式编程中处理很多函数，因此需要一种调试方式。如上一章所见，我们设计了接受参数并返回另一个函数的函数，而该函数又接受一些参数，诸如此类。

下面设计一个名为 tap 的简单函数：

```
const tap = (value) =>
  (fn) => (
    typeof(fn) === 'function' && fn(value),
    console.log(value)
)
```

此处 tap 函数接受一个 value 并返回一个包含 value 的闭包函数，该函数将被执行。

注意

在 JavaScript 中，(exp1, exp2)的含义是它将执行两个参数并返回第二个表达式的结果，即 exp2。在上面的例子中，程序会根据语法调用函数 fn，也会将 value 打印到控制台。

下面运行 tap 函数：

```
tap("fun")((it) => console.log("value is ",it))
=>value is fun
=>fun
```

在上面的例子中可以看到，"value is fun" 被打印了，然后 "fun" 也被打印了。简单又直接。

那么 tap 函数可被用于何处？假设你在遍历一个来自服务器的数组，并发现数据错了。因此你想调试一下，看看数组究竟包含了什么。你会如何做？不要用命令式的方法，要用函数式的方法。这正是使用 tap 函数的地方。对于当前的场景，我们可以这样做：

```
forEach([1,2,3],(a) =>
   tap(a)(() =>
     {
       console.log(a)
     }
   )
)
```

这打印出了我们期望的值。在我们的工具箱中，tap 函数是一个简单而强大的函数。

4.2.2 unary 函数

在 array 原型中有一个默认的方法称为 map。不必担心，在下一章中我们将探索很多数组的函数式函数，也将创建自己的 map。就目前而言，map 是一个与我们定义的 forEach 函数非常相似的函数。唯一的区别是 map 返回了回调函数的结果。

为了理解其中的要点，假设我们要使一个数组加倍并得到结果。我们可以使用 map 函数以如下的方式实现：

```
[1, 2, 3].map((a) => { return a * a })
=>[1, 4, 9]
```

此处有趣的地方是 map 用 3 个参数调用了函数，分别是 element、index 和 arr。假设我们要把字符串数组解析为整数数组。我们有一个内置的函数称为 parseInt，它接受两个参数 parse 和 radix，如果可能，该函数会把传入的 parse 转换为数字。如果把 parseInt 传给 map 函数，map 会把 index 的值传给 parseInt 的 radix 参数，这将产生意想不到的行为。

```
['1', '2', '3'].map(parseInt)
=>[1, NaN, NaN]
```

从上面的结果可以看到，数组[1, NaN, NaN]不是我们期望的。我们需要把 parseInt 函数转换为另一个只接受一个参数的函数。如何才能做到？下面介绍一下 unary 函数。它的任务是接受一个给定的多参数函数，并把它转换为一个只接受一个参数的函数。

unary 函数如下：

```
const unary = (fn) =>
  fn.length === 1
    ? fn
    : (arg) => fn(arg)
```

我们检查传入的 fn 是否有一个长度为 1 的参数列表(可以通过 length 属性查看)。如果有，就什么也不做。如果没有，就返回一个新函数，它只接受一个参数 arg，并用该参数调用 fn。

为了看到 unary 函数的实际效果，可以用 unary 重新运行我们的问题：

```
['1', '2', '3'].map(unary(parseInt))
=>[1, 2, 3]
```

此处 unary 函数返回了一个新函数(parseInt 的克隆体)，它只接受一个参数！如此，map 函数传入的 index、arr 参数就不会对程序产生影响，因此我们得到了期望的结果。

注意

也有像 binary 一样的函数，它们转换函数，使其接受相应的参数。

下面两个我们要了解的函数是特别的高阶函数，能让开发者控制函数被调用的次数。它们有很多真实的应用场景。

4.2.3　once 函数

在很多情况下，我们只需要运行一次给定的函数。这种情况在 JavaScript 开发者的日常工作中经常发生，因为他们只想设置一次第三方库，或初始化一次支付设置，或发起一次银行支付请求等。这些是开发者面对的常见情况。

本节将要编写一个称为 once 的高阶函数，它允许开发者只运行一次给定的函数！此处需要再次注意的是，我们会继续把日常工作抽象到函数式工具箱中！

```
const once = (fn) => {
  let done = false;

  return function () {
    return done ? undefined : ((done = true), fn.apply(this, arguments))
  }
}
```

上面的 once 函数接受一个参数 fn 并通过调用它的 apply 方法返回结果(注意，apply 方法在下面介绍)。此处要注意的重点是，我们声明了一个名为 done 的变量，初始值为 false。返回的函数会形成一个覆盖它的闭包作用域。因此，返回的函数会访问并检查 done 是否为 true，如果是，则返回 undefined，否则将 done 设为 true(如此就阻止了下一次执行)，并用必要的参数调用函数 fn。

注意

apply 函数允许我们设置函数的上下文，并为给定的函数传递参数。可以在此处找到更多关于它的信息：https://developer.mozilla.org/en-US/docs/Web/JavaScript/Reference/Global_Objects/Function/apply。

有了 once 函数，下面快速检验一下它：

```
var doPayment = once(() => {
   console.log("Payment is done")
})

doPayment()
=>Payment is done

// 我们不小心执行了第二次!
doPayment()
=>undefined!
```

上面的代码片段展示了被 once 包裹的函数 doPayment，不管我们调用它多少次，它只会执行一次！在我们的工具箱中，once 是一个简单但有效的函数。

4.2.4 memoized 函数

在结束这个令人激动的小节前，让我们看看我最喜欢的函数 memoized。我们知道纯函数只依赖它的参数运行。它们不依赖外部环境。纯函数的结果完全依赖它的参数。假设有一个纯函数名为 factorial，它计算给定数字的阶乘。该函数如下：

```
var factorial = (n) => {
  if (n === 0) {
    return 1;
  }

  // 这是递归!
  return n * factorial(n - 1);
}
```

你可以用几个输入快速检验一下 factorial 函数：

```
factorial(2)
=>2
factorial(3)
=>6
```

此处没什么特别的。但是我们知道 2 的阶乘是 2，3 的阶乘是 6，以此类推。主要是因为我们知道 factorial 函数只依赖它的参数执行，其他什么也不需要！因此，问题出现了：为什么不能为每一个输入存储结果(就像某种对象)呢？如果输入已经在对象中出现，为什么不能直接给出结果呢？为了计算 3 的阶乘，就需要计算 2 的阶乘，为什么不能重用函数中的计算结果呢？是的，这就是 memoized 函数要做的事情。memoized 函数是一个特别的高阶函数，它使函数能够记住其计算结果。

让我们看看如何在 JavaScript 中实现这样的函数。不必担心，它就像下面的代码一样简单：

```
const memoized = (fn) => {
  const lookupTable = {};

  return (arg) => lookupTable[arg] || (lookupTable[arg] = fn(arg));
}
```

在上面的函数中，我们有一个名为 lookupTable 的局部变量，它在返回函数的闭包上下文中。返回函数将接受一个参数并检查它是否在 lookupTable 中：

```
. . lookupTable[arg] . .
```

如果在，则返回对应的值；否则，使用新的输入作为 key，fn 的结果作为 value，更新 lookupTable 对象。

```
(lookupTable[arg] = fn(arg))
```

现在可以把 factorial 函数包裹进一个 memoized 函数来保留它的输出了：

```
let fastFactorial = memoized((n) => {
  if (n === 0) {
    return 1;
  }
```

```
  // 这是递归!
  return n * fastFactorial(n - 1);
})
```

现在调用 fastFactorial：

```
fastFactorial(5)
=>120
=>lookupTable 将为: Object {0: 1, 1: 1, 2: 2, 3: 6, 4: 24, 5: 120}
fastFactorial(3)
=>6 // 从 lookupTable 中返回
fastFactorial(7)
=> 5040
=>lookupTable 将为:  Object {0: 1, 1: 1, 2: 2, 3: 6, 4: 24, 5: 120,
6: 720, 7: 5040}
```

它以同样的方式运行，但是比之前快得多。当运行 fastFactorial 时，我们希望你去检查 lookupTable 对象，并清楚它是如何帮助程序提速的！

这就是高阶函数之美——闭包和纯函数的实战！

注意

我们的 memoized 函数用于只接受一个参数的函数。你能提出一个解决方案用于多参数函数吗？

我们已经把很多通用的问题抽象到高阶函数中，这使我们可以优雅而轻松地编写解决方案。

4.3 小结

我们以一组关于函数能看到什么的问题开始本章。通过构造几个小例子，理解了闭包是如何使函数记住声明处的上下文的。有了这层理解，我们实现了一些 JavaScript 编程中常见的高阶函数。到此，我们了解了如何把通用的问题抽象到一个特别的函数中并重用它们！现在我们理解了闭包、高阶函数、抽象和纯函数的重要性！在下一章中，我们将继续构建高阶函数，但关注点转向数组！

第 5 章

数组的函数式编程

注意

本章的示例和类库源代码在chap05分支。仓库的URL是: https://github.com/antoaravinth/functional-es6.git。

检出代码时，请检出 chap05 分支:

```
...
git checkout -b chap05 origin/chap05
...
```

为使代码运行起来，和以前一样，执行命令:

```
...
npm run playground
...
```

欢迎来到关于数组和对象的一章。在本章中，我们将继续探索对数组有用的高阶函数。

在 JavaScript 编程中，数组用于遍历。我们用数组来存储、操作和查找数据，以及转换(投影)数据格式。在本章中，我们运用目前为止所学的函数式编程技术来改进这些操作。

我们将创建一组用于数组的函数，并用函数式的方法而非命令式的方法解决常见的问题。

注意

本章中所创建的函数可能在数组或对象的原型中，也可能不在。建议通过这些函数理解其中的运行机制，我们的目的不是覆盖原生方法。

5.1 数组的函数式方法

本节将创建一组有用的函数，并通过它们解决数组的常见问题。

注意

本节创建的所有函数称为投影函数(Projecting Function)。把函数应用于一个值并创建一个新值的过程称为投影。不必担心这个术语，当看到第一个投影函数 map 时你就理解了。

5.1.1 map

我们已经了解了如何通过 forEach 遍历数组。forEach 是一个高阶函数，它会遍历给定的数组并使用当前索引作为参数调用传入的函数。forEach 隐藏了遍历的通用问题。但是我们不能在所有的情况下都使用 forEach。

假设把所有的数组内容都平方并在一个新的数组中返回。通过 forEach 如何实现？我们不能使用 forEach 返回数据，它只能执行传入的函数。此处该用上第一个投影函数 map。

实现 map 是一项简单而直接的任务，我们已经看过 forEach 的实现。如代码清单 5-1 所示。

代码清单 5-1 forEach 函数定义

```
const forEach = (array,fn) => {
   for(const value of arr)
      fn(value)
}
```

map 函数的实现如代码清单 5-2 所示：

代码清单 5-2　map 函数定义

```
const map = (array,fn) => {
        let results = []
        for(const value of array)
                results.push(fn(value))

        return results;
}
```

map 的实现与 forEach 非常相似，区别只是用一个新的数组捕获了结果，比如：

```
. . .
        let results = []
. . .
```

并从函数中返回了结果。现在是讨论投影函数的时候了。我们之前提到过，map 函数是一个投影函数。为什么如此称呼它？原因非常简单：由于 map 返回了给定函数转换后的值，因此称之为投影函数。当然，少数人的确称 map 为转换函数。但是，我们坚持使用投影这个词(我感觉非常好！)。

下面用代码清单 5-2 定义的 map 函数来解决把数组内容平方的问题。

```
map([1,2,3], (x) => x * x)
=>[1,4,9]
```

如上面的代码所示，我们简单而优雅地完成了任务。由于要创建很多特别的数组函数，我们将把所有的函数封装到一个名为 arrayUtils 的常量中并导出。

如代码清单 5-3 所示。

代码清单 5-3　把函数封装到 arrayUtils 对象中

```
// 代码清单 5-2 的 map 函数
const map = (array,fn) => {
  let results = []
  for(const value of array)
      results.push(fn(value))
  return results;
}
```

```
const arrayUtils = {
  map : map
}

export {arrayUtils}

// 另一个文件
import arrayUtils from 'lib'
arrayUtils.map // 使用 map

// 或者

const map = arrayUtils.map
// 如此可以直接调用 map!
```

注意

在上面的代码中，为了清晰的目的，我们调用 map 而不是 arrayUtils.map。

为了让本章的例子更具实用性，我们要构建一个对象数组，如代码清单 5-4 所示。

代码清单 5-4　描述图书详情的 apressBooks 对象

```
let apressBooks = [
        {
                "id": 111,
                "title": "C# 6.0",
                "author": "ANDREW TROELSEN",
                "rating": [4.7],
                "reviews": [{good : 4 , excellent : 12}]
        },
        {
                "id": 222,
                "title": "Efficient Learning Machines",
                "author": "Rahul Khanna",
                "rating": [4.5],
                "reviews": []
        },
        {
                "id": 333,
                "title": "Pro AngularJS",
                "author": "Adam Freeman",
                "rating": [4.0],
                "reviews": []
        },
```

```
        {
                "id": 444,
                "title": "Pro ASP.NET",
                "author": "Adam Freeman",
                "rating": [4.2],
                "reviews": [{good : 14 , excellent : 12}]
        }
];
```

注意

该数组包含了 Apress 出版社发行的真实书名。但 review 键值是我自己定义的。

本章创建的所有函数都会基于该对象数组运行。假设需要获取它，但只需要包含 title 和 author 字段。如何通过 map 函数完成？你有解决方案吗？

使用 map 函数的解决方案非常简单，比如：

```
map(apressBooks,(book) => {
        return {title: book.title,author:book.author}
})
```

这将返回期望的结果。返回数组中的对象只会包含两个属性：一个是 title，另一个是 author，正如函数中指定的那样：

```
[ { title: 'C# 6.0', author: 'ANDREW TROELSEN' },
  { title: 'Efficient Learning Machines', author: 'Rahul Khanna' },
  { title: 'Pro AngularJS', author: 'Adam Freeman' },
  { title: 'Pro ASP.NET', author: 'Adam Freeman' } ]
```

我们并不总是只想把所有的数组内容转换为一个新数组。还想过滤数组的内容，然后再做转换！

下面介绍下一个名为 filter 的函数。

5.1.2　filter

假设我们想获取评级高于 4.5 的图书列表，如何完成呢？这显然不是 map 能够解决的问题。但是我们需要一个类似 map 的函数，它只需要在把结果放入数组前检查一个条件。

因此，再看一下 map 函数(代码清单 5-2)：

```
const map = (array,fn) => {
  let results = []
  for(const value of array)
      results.push(fn(value))

  return results;
}
```

我们需要在此处做一个条件检查或断言：

```
. . .
        results.push(fn(value))
. . .
```

让我们把该操作加入一个名为 filter 的独立函数中，如代码清单 5-5 所示。

代码清单 5-5　filter 函数定义

```
const filter = (array,fn) => {
  let results = []
  for(const value of array)
     (fn(value)) ? results.push(value) : undefined

  return results;
}
```

有了 filter 函数，我们就能以如下方式解决手头的问题了：

```
filter(apressBooks, (book) => book.rating[0] > 4.5)
```

这将返回期望的结果：

```
[ { id: 111,
    title: 'C# 6.0',
    author: 'ANDREW TROELSEN',
    rating: [ 4.7 ],
    reviews: [ [Object] ] } ]
```

好极了！我们在使用高阶函数持续地改进处理数组的方式。在继续介绍下一个数组函数之前，我们将了解如何连接投影函数(map，filter)，以便能在复杂的环境下获得期望的结果。

5.2　连接操作

为了达成目标，我们经常需要连接很多函数。例如，从 apressBooks 中获取含有 title 和 author 对象且评级高于 4.5 的对象。解决该问题的初始想法是通过 map 和 filter，代码如下：

```
let goodRatingBooks =
 filter(apressBooks, (book) => book.rating[0] > 4.5)

map(goodRatingBooks,(book) => {
        return {title: book.title,author:book.author}
})
```

这将返回期望的结果：

```
[ {
       title: 'C# 6.0',
    author: 'ANDREW TROELSEN'
    }
]
```

此处要注意的重点是，map 和 filter 都是投影函数。因此，它们总是对数组应用转换操作(通过传入高阶函数)后再返回数据。于是我们能够连接 filter 和 map(顺序很重要)来完成任务(不需要额外变量——比如 goodRatingBooks)：

```
map(filter(apressBooks, (book) => book.rating[0] > 4.5),(book) => {
        return {title: book.title,author:book.author}
})
```

上面的代码在字面上描述了我们正在解决的问题："map 基于过滤后的数组(评级高于 4.5)返回了带有 title 和 author 字段的对象！"归功于 map 和 filter 的特性，我们抽象出了数组的细节并专注于问题本身。

在后续的小节中，我们将看到连接方法的例子。

注意

我们将在后面的章节中通过函数组合来完成同样的事情。

---

concatAll

下面对 apressBooks 对象稍作修改，得到如代码清单 5-6 所示的数据结构。

代码清单 5-6　包含图书详情的升级后的 apressBooks 对象

```
let apressBooks = [
        {
                name : "beginners",
                bookDetails : [
                        {
                                "id": 111,
                                "title": "C# 6.0",
                                "author": "ANDREW TROELSEN",
                                "rating": [4.7],
                                "reviews": [{good : 4 , excellent : 12}]
                        },
                        {
                                "id": 222,
                                "title": "Efficient Learning Machines",
                                "author": "Rahul Khanna",
                                "rating": [4.5],
                                "reviews": []
                        }
                ]
},
        {
            name : "pro",
            bookDetails : [
                        {
                                "id": 333,
                                "title": "Pro AngularJS",
                                "author": "Adam Freeman",
                                "rating": [4.0],
                                "reviews": []
                        },
                        {
                                "id": 444,
                                "title": "Pro ASP.NET",
                                "author": "Adam Freeman",
                                "rating": [4.2],
                                "reviews": [{good : 14 , excellent : 12}]
                        }
                ]
        }
];
```

现在让我们回顾上一节的问题——获取含有 title 和 author 字段且评级高于 4.5 的图书。首先使用 map 函数：

```
map(apressBooks,(book) => {
    return book.bookDetails
})
```

这将返回：

```
[ [ { id: 111,
      title: 'C# 6.0',
      author: 'ANDREW TROELSEN',
      rating: [Object],
      reviews: [Object] },
    { id: 222,
      title: 'Efficient Learning Machines',
      author: 'Rahul Khanna',
      rating: [Object],
      reviews: [] } ],
  [ { id: 333,
      title: 'Pro AngularJS',
      author: 'Adam Freeman',
      rating: [Object],
      reviews: [] },
    { id: 444,
      title: 'Pro ASP.NET',
      author: 'Adam Freeman',
      rating: [Object],
      reviews: [Object] } ] ]
```

如你所见，map 函数返回的数据包含了数组中的数组。因为 bookDetails 本身就是一个数组。如果把上面的数据传给 filter，我们将会遇到问题，因为 filter 不能在嵌套数组上运行！

此处就是 concatAll 函数发挥作用的地方！concatAll 函数的任务很简单，就是把所有嵌套数组连接到一个数组中！也可称 concatAll 为 flatten 方法。concatAll 的实现如代码清单 5-7 所示。

代码清单 5-7 concatAll 函数定义

```
const concatAll = (array,fn) => {
  let results = []
  for(const value of array)
```

```
        results.push.apply(results, value);

    return results;
  }
```

此处我们只是在遍历的时候把内部数组通过 push 保存到结果数组中。

注意

我们使用了 JavaScript 函数的 apply 方法，将 push 的上下文设置为 result，并把当前遍历的索引(value)作为参数传入。

---

concatAll 的主要目的是将嵌套数组转换为非嵌套的单一数组。下面的代码解释了这个概念。

```
concatAll(
        map(apressBooks,(book) => {
                return book.bookDetails
        })
)
```

这将返回我们期望的结果：

```
[ { id: 111,
    title: 'C# 6.0',
    author: 'ANDREW TROELSEN',
    rating: [ 4.7 ],
    reviews: [ [Object] ] },
  { id: 222,
    title: 'Efficient Learning Machines',
    author: 'Rahul Khanna',
    rating: [ 4.5 ],
    reviews: [] },
  { id: 333,
    title: 'Pro AngularJS',
    author: 'Adam Freeman',
    rating: [ 4 ],
    reviews: [] },
  { id: 444,
    title: 'Pro ASP.NET',
    author: 'Adam Freeman',
    rating: [ 4.2 ],
    reviews: [ [Object] ] } ]
```

现在能继续使用 filter，比如：

```
let goodRatingCriteria = (book) => book.rating[0] > 4.5;
filter(
        concatAll(
                map(apressBooks,(book) => {
                        return book.bookDetails
                })
        )
,goodRatingCriteria)
```

上面的代码返回了所期望的值：

```
[ { id: 111,
  title: 'C# 6.0',
  author: 'ANDREW TROELSEN',
  rating: [ 4.7 ],
  reviews: [ [Object] ] } ]
```

我们看到，设计数组的高阶函数可以优雅地解决很多问题。到目前为止，我们做得很好。在后续的小节中，我们还将了解一些关于数组的函数。

5.3　reduce 函数

谈到函数式编程，你会经常听到 reduce 函数这个术语。它们是什么？为什么它们这么有用？reduce 是一个美妙的函数，它为保持 JavaScript 闭包的能力所设计。在本节中，我们将了解 reduce 数组的用途。

reduce 函数

为了给出 reduce 函数的实例及其用途，下面看一个数组求和的问题。假设有一个数组：

```
let useless = [2,5,6,1,10]
```

我们需要对上面的数组求和，如何实现呢？一个简单的解决方案是：

```
let result = 0;
```

```
forEach(useless,(value) => {
   result = result + value;
})
console.log(result)
=> 24
```

对于上面的问题，我们将数组(包含一些数据)归约为一个单一的值。我们从一个累加器开始，在该例子中称为 result，在遍历数组的时候使用它存储求和结果。注意，在求和的情况下，我们将 result 值设为默认值 0。但是如果我们需要求给定数组中所有元素的乘积，该如何做？在这种情况下，要设置 result 值为 1。这种设置累加器并遍历数组(记住累加器的上一个值)以生成一个单一元素的过程称为归约数组。

既然我们要对所有数组重复上面的过程——归约操作，那么为什么不把它抽象到一个函数中呢？你可以做到——这就是 reduce 函数的作用。reduce 函数的实现如代码清单 5-8 所示。

代码清单 5-8　reduce 函数的第一个实现

```
const reduce = (array,fn) => {
        let accumlator = 0;
        for(const value of array)
                accumlator = fn(accumlator,value)

        return [accumlator]
}
```

有了 reduce 函数，我们就能通过它解决求和问题，比如：

```
reduce(useless,(acc,val) => acc + val)
=>[24]
```

太棒了。但是如果我们需要求给定数组的乘积，情况会如何呢？reduce 函数将会执行失败，主要因为我们使用了累加器的值 0。所以乘积的结果也是 0。

```
reduce(useless,(acc,val) => acc * val)
=>[0]
```

我们可以通过重写代码清单 5-8 的 reduce 函数来解决该问题，它接受一个为累加器设置初始值的参数。见代码清单 5-9。

代码清单 5-9　reduce 函数的最终实现

```
const reduce = (array,fn,initialValue) => {
        let accumlator;

        if(initialValue != undefined)
                accumlator = initialValue;
        else
                accumlator = array[0];

        if(initialValue === undefined)
                for(let i=1;i<array.length;i++)
                        accumlator = fn(accumlator,array[i])
        else
                for(const value of array)
                accumlator = fn(accumlator,value)
        return [accumlator]
}
```

我们对 reduce 函数做了修改，如果没有传递 initialValue，则以数组的第一个元素作为累加器的值。

注意

看看这两个循环语句。当 initialValue 未定义时，我们需要从第二个元素开始循环数组，将它作为累加器的初始值。如果 initialValue 由调用者传入，我们就需要遍历整个数组。

现在我们尝试通过 reduce 函数解决乘积问题：

```
reduce(useless,(acc,val) => acc * val,1)
=>[600]
```

现在我们要在 apressBooks 中使用 reduce。为了便于参考，把 apressBooks(更新于代码清单 5-6)贴于此处：

```
let apressBooks = [
        {
                name : "beginners",
                bookDetails : [
                        {
                                "id": 111,
                                "title": "C# 6.0",
                                "author": "ANDREW TROELSEN",
```

```
                        "rating": [4.7],
                        "reviews": [{good : 4 , excellent : 12}]
                    },
                    {
                        "id": 222,
                        "title": "Efficient Learning
                          Machines",
                        "author": "Rahul Khanna",
                        "rating": [4.5],
                        "reviews": []
                    }
                ]
            },
            {
                name : "pro",
                bookDetails : [
                    {
                        "id": 333,
                        "title": "Pro AngularJS",
                        "author": "Adam Freeman",
                        "rating": [4.0],
                        "reviews": []
                    },
                    {
                        "id": 444,
                        "title": "Pro ASP.NET",
                        "author": "Adam Freeman",
                        "rating": [4.2],
                        "reviews": [{good : 14 ,
                          excellent : 12}]
                    }
                ]
            }
        ];
```

有一天老板让你实现此逻辑：从 apressBooks 中统计评价为 good 和 excellent 的数量。你想到，该问题正好可以用 reduce 函数轻松地解决。记住，apressBooks 包含数组中的数组(如上一节所见)。因此，我们需要使用 concatAll 把它转换为一个扁平的数组。既然 reviews 是 bookDetails 的一部分，我们就不需要命名一个 key，只需要用 map 取出 bookDetails 并用 concatAll 连接，如下所示：

```
concatAll(
      map(apressBooks,(book) => {
            return book.bookDetails
      })
)
```

现在我们用 reduce 解决该问题：

```
let bookDetails = concatAll(
      map(apressBooks,(book) => {
            return book.bookDetails
      })
)

reduce(bookDetails,(acc,bookDetail) => {
      let goodReviews = bookDetail.reviews[0] != undefined ? bookDetail.
      reviews[0].good : 0
      let excellentReviews = bookDetail.reviews[0] != undefined ?
      bookDetail.reviews[0].excellent : 0
      return {good: acc.good + goodReviews,excellent : acc.excellent +
      excellentReviews}
},{good:0,excellent:0})
```

这将返回如下结果：

```
[ { good: 18, excellent: 24 } ]
```

现在让我们消化一下 reduce 函数，看看这一切是如何发生的。首先需要注意，我们传入了一个累加器初始值：

```
{good:0,excellent:0}
```

在 reduce 函数体中，我们获取 good 和 excellent 的评价详情(从 bookDetails 对象中)，并将其存储在相应的变量中，名为 goodReviews 和 excellentReviews。

```
let goodReviews = bookDetail.reviews[0] != undefined ? bookDetail.
reviews[0].good : 0
let excellentReviews = bookDetail.reviews[0] != undefined ? bookDetail.
reviews[0].excellent : 0
```

基于上面的代码，我们就能够跟踪 reduce 函数的调用轨迹，以便更好地理解发生了什么。第一次遍历时，goodReviews 和 excellentReviews

的值是：

```
goodReviews = 4
excellentReviews = 12
```

累加器的值是：

```
{good:0,excellent:0}
```

正如我们在初始时传入的。一旦 reduce 函数执行了下面一行：

```
  return {good: acc.good + goodReviews,excellent : acc.excellent +
excellentReviews}
```

内部累加器的值会变为：

```
{good:4,excellent:12}
```

至此，我们完成了第一次数组遍历。在第二次和第三次遍历中，我们没有 reviews。因此，goodReviews 和 excellentReviews 将会是 0，累加器的值不会受到影响，将保持为：

```
{good:4,excellent:12}
```

在最后的第四次遍历中，我们得到了 goodReviews 和 excellentReviews：

```
goodReviews = 14
excellentReviews = 12
```

累加器的值是：

```
{good:4,excellent:12}
```

当我们执行这一行时：

```
return {good: acc.good + goodReviews,excellent : acc.excellent +
excellentReviews}
```

累加器的值变为：

```
{good:18,excellent:24}
```

由于我们遍历了所有的数组内容，最终的累加器值将会被作为结果返回！

如你所见，在上面的过程中，我们把内部的细节抽象到高阶函数中，产生了优雅的代码！在结束本章前，让我们实现另一个有用的函数 zip。

5.4　zip 数组

事情并非总是如你所愿。我们在 apressBooks 的 bookDetails 中获取了 reviews，并能轻松地操作它。但是 apressBooks 可能来自服务器，而 reviews 被作为一个单独的数组返回，并不是嵌入式的数据，如代码清单 5-10 所示。

代码清单 5-10　分割的 apressBooks 对象

```
let apressBooks = [
        {
                name : "beginners",
                bookDetails : [
                        {
                                "id": 111,
                                "title": "C# 6.0",
                                "author": "ANDREW TROELSEN",
                                "rating": [4.7]
                        },
                        {
                                "id": 222,
                                "title": "Efficient Learning
                                   Machines",
                                "author": "Rahul Khanna",
                                "rating": [4.5],
                                "reviews": []
                        }
                ]
        },
        {
          name : "pro",
          bookDetails : [
                        {
                                "id": 333,
                                "title": "Pro AngularJS",
                                "author": "Adam Freeman",
                                "rating": [4.0],
                                "reviews": []
```

```
                        },
                        {
                                "id": 444,
                                "title": "Pro ASP.NET",
                                "author": "Adam Freeman",
                                "rating": [4.2]
                        }
                ]
        }
];
```

代码清单 5-11 reviewDetails 对象包含了图书的评价详情

```
let reviewDetails = [
        {
                "id": 111,
                "reviews": [{good : 4 , excellent : 12}]
        },
        {
                "id" : 222,
                "reviews" : []
        },
        {
                "id" : 333,
                "reviews" : []
        },
        {
                "id" : 444,
                "reviews": [{good : 14 , excellent : 12}]
        }
]
```

在代码清单 5-11 所示的代码片段中，reviews 被填充到一个单独的数组中，它们与书的 id 相匹配。这是数据被分离到不同部分的典型例子。

但是要如何处理这些分割的数据呢？

zip 函数

zip 函数的任务是合并两个给定的数组。就我们的例子而言，需要把 apressBooks 和 reviewDetails 合并到一个单独的数组中，如此就能在一个单一的树下获得所有必需的数据。

zip 的实现如代码清单 5-12 所示：

代码清单 5-12　zip 函数实现

```
const zip = (leftArr,rightArr,fn) => {
        let index, results = [];

        for(index = 0;index < Math.min(leftArr.length, rightArr.
        length);index++)
                results.push(fn(leftArr[index],rightArr[index]));

        return results;
}
```

zip 是一个非常简单的函数，我们只需要遍历两个给定的数组。由于我们要处理两个数组详情，就需要用 Math.min 获取它们的最小长度：

```
. . .
Math.min(leftArr.length, rightArr.length)
. . .
```

一旦获得了最小长度，我们就能够用当前的 leftArr 值和 rightArr 值调用传入的高阶函数 fn。

假设我们要把两个数组的内容相加，可以以如下方式使用 zip：

```
zip([1,2,3],[4,5,6],(x,y) => x+y)
=> [5,7,9]
```

现在让我们来解决上一节已经解决的问题。统计 Apress 出版物评价为 good 和 excellent 的总数。既然数据被分割到两个不同的结构中，我们就用 zip 来解决当前的问题：

```
// same as before get the
// bookDetails
let bookDetails = concatAll(
        map(apressBooks,(book) => {
                return book.bookDetails
        })
)

//zip the results

let mergedBookDetails = zip(bookDetails,reviewDetails,(book, review)
  => {
  if(book.id === review.id)
  {
```

```
    let clone = Object.assign({},book)
    clone.ratings = review
    return clone
  }
})
```

下面分析一下在 zip 函数内发生了什么。zip 函数的结果与之前的数据结构一样，准确地说，是 mergedBookDetails：

```
[ { id: 111,
    title: 'C# 6.0',
    author: 'ANDREW TROELSEN',
    rating: [ 4.7 ],
    ratings: { id: 111, reviews: [Object] } },
  { id: 222,
    title: 'Efficient Learning Machines',
    author: 'Rahul Khanna',
    rating: [ 4.5 ],
    reviews: [],
    ratings: { id: 222, reviews: [] } },
  { id: 333,
    title: 'Pro AngularJS',
    author: 'Adam Freeman',
    rating: [ 4 ],
    reviews: [],
    ratings: { id: 333, reviews: [] } },
  { id: 444,
    title: 'Pro ASP.NET',
    author: 'Adam Freeman',
    rating: [ 4.2 ],
    ratings: { id: 444, reviews: [Object] } } ]
```

我们得到该结果的方式非常简单。做 zip 操作时，我们接受 bookDetails 数组和 reviewDetails 数组。检查两个数组元素的 id 是否匹配，如果是，就从 book 中克隆出一个新的对象 clone：

```
. . .
 let clone = Object.assign({},book)
. . .
```

现在 clone 得到了一份 book 对象的副本。但是，要注意的重点是，clone 指向了一个独立的引用。为 clone 添加属性或操作不会改变真实的 book 引用。在 JavaScript 中，对象是通过引用使用的。因此，改变 zip

函数中默认的 book 对象将影响 bookDetails 的内容，这不是我们想要的结果。

所以，一旦我们创建了 clone 就可以为其添加一个 ratings 属性，并以 review 对象作为其值：

```
clone.ratings = review
```

最终，我们返回了 clone！现在你可以像以前一样应用 reduce 函数去解决问题。zip 是另一个小巧而简单的函数，但是它的作用非常强大。

5.5　小结

在本章中，我们取得了很大的进步。创建了一些有用的函数，比如 map、filter、concatAll、reduce 和 zip，让使用数组变得更加容易。我们把这些函数称为投影函数，因为它们总是在应用转换操作(通过传入高阶函数)后返回数组。需要记住的重点是，这些就是我们在日常任务中使用的高阶函数。理解这些函数的运行机制有助于我们对函数式有更加深入的思考。但是，我们的函数式之旅还没有结束。

在本章中，我们创建了很多有用的数组函数，在下一章中，我们将讨论柯里化与偏应用的概念。如果这些术语让你望而生畏，那么不必担心，它们只是简单的概念，但在实战中却会变得很强大。

第 6 章

柯里化与偏应用

注意

本章的示例和类库源代码在chap06分支。仓库的URL是: https://github.com/antoaravinth/functional-es6.git。

检出代码时，请检出 chap06 分支:

```
...
git checkout -b chap06 origin/chap06
...
```

为使代码运行起来，和以前一样，执行命令:

```
...
npm run playground
...
```

在本章中，我们将了解术语柯里化(currying)的含义。在理解了柯里化所做的事情及其用途之后，我们将介绍另一个在函数式编程中称为偏应用(partial application)的概念。理解柯里化和偏应用非常重要，因为我们将在函数式组合中使用它们！

如前几章所见，我们将研究一个简单的问题，并说明柯里化与偏应用这类函数式技术的运行机制。

6.1 一些术语

在说明柯里化与偏应用所进行的操作之前，我们需要理解一些在本章中使用的术语。

6.1.1 一元函数

只接受一个参数的函数称为一元(unary)函数。例如，函数 identity 就是一个一元函数。见代码清单 6-1。

代码清单 6-1 一元 identity 函数

```
const identity = (x) => x;
```

上面的函数(代码清单 6-1)只接受一个参数 x，所以我们可以称之为一元函数。

6.1.2 二元函数

接受两个参数的函数称为二元(binary)函数。例如，在代码清单 6-2 中，函数 add 可被称为一个二元函数。

代码清单 6-2 二元 add 函数

```
const add = (x,y) => x + y;
```

add 函数接受两个参数 x、y，因此我们可以称之为二元函数。

正如你猜测的那样，还有接受三个参数的三元函数，并以此类推。而 JavaScript 的确允许一种特殊类型的函数，我们称之为变参(variadic)函数，它接受可变数量的参数。

6.1.3 变参函数

变参函数是接受可变数量参数的函数。还记得吗？在 JavaScript 的旧版本中，我们可以通过 arguments 来捕获可变数量的参数。见代码清单 6-3。

代码清单 6-3　变参函数

```
function variadic(a){
        console.log(a);
        console.log(arguments)
}
```

如果以如下方式调用变参函数：

```
variadic(1,2,3)
=> 1
=> [1,2,3]
```

注意

从输出中可以看出，arguments 的确捕获了所有传入函数的参数。

从上面的输出中可以看到(代码清单 6-3)，通过 arguments 我们能够捕获调用该函数的额外参数。在 ES5 中，我们通过这种技术实现变参函数。但从 ES6 开始，我们有了一个新的运算符，它称为扩展运算符，可以通过它获得相同的结果。见代码清单 6-4。

代码清单 6-4　使用扩展运算符的变参函数

```
const variadic = (a,...variadic) => {
        console.log(a)
        console.log(variadic)
}
```

如果调用上面的函数，我们将精确地得到期望的结果：

```
variadic(1,2,3)
=> 1
=> [2,3]
```

从结果中可以看出，我们指出了第一个传入的参数 1，而其他所有剩下的参数都被使用...扩展运算符的 variadic 变量捕获了！ES6 的风格更简洁，因为它清晰地表明了一个函数能够接受可变的参数。

现在我们了解了一些关于函数的常见术语，该把注意力转移到那个神奇的词语柯里化上！

6.2 柯里化

你是否在函数式编程的博客中多次看到柯里化这个术语并依然好奇它的含义？别担心，我们将把柯里化的定义分解成多个小定义，这会让你对它有所理解！

我们从一个小问题开始：什么是柯里化？简单的答案是：

柯里化是把一个多参数函数转换为一个嵌套的一元函数的过程。

如果还不理解，别担心！让我们通过一个简单的例子了解它的含义。假设有一个名为 add 的函数：

```
const add = (x,y) => x + y;
```

这是一个简单的函数。我们如此调用该函数 add(1, 1)，将得到结果 2。没有特别之处。下面是 add 函数的柯里化版本：

```
const addCurried = x => y => x + y;
```

上面的 addCurried 函数是 add 的一个柯里化版本。如果我们用一个单一的参数调用 addCurried：

```
addCurried(4)
```

它返回一个函数，在其中 x 值通过闭包被捕获，正如我们在前几章所见：

```
=> fn = y => 4 + y
```

因此，可以用如下方式调用 addCurried 函数以得到正确的结果：

```
addCurried(4)(4)
=> 8
```

此处我们手动地把接受两个参数的 add 函数转换为含有嵌套的一元函数的 addCurried 函数。下面展示了如何把该处理过程转换为一个名为 curry 的方法(代码清单 6-5)：

代码清单 6-5　curry 函数定义

```
const curry = (binaryFn) => {
  return function (firstArg) {
    return function (secondArg) {
      return binaryFn(firstArg, secondArg);
    };
  };
};
```

注意

我用 ES5 格式编写了 curry 函数，因为我想让读者对该返回嵌套的一元函数的过程有形象化的认识。

现在可以用如下方式通过 curry 函数把 add 函数转换为一个柯里化版本：

```
let autoCurriedAdd = curry(add)
autoCurriedAdd(2)(2)
=> 4
```

输出正是我们想要的！现在复习一下柯里化的定义：

柯里化是把一个多参数函数转换为一个嵌套的一元函数的过程。

从 curry 函数的定义中可见，我们把二元函数转换为嵌套的一元函数，每一个函数只接受一个参数。也就是说，我们返回了嵌套的一元函数！希望我为你讲清了柯里化这个术语。但你显然还有疑问：为什么需要柯里化？它有什么用？

6.2.1　柯里化用例

从简单的例子开始。假设我们要编写一个创建列表的函数。例如，我们需要创建 tableOf2、tableOf3、tableOf4 等。

可以通过下面的代码清单 6-6 实现。

代码清单 6-6　没有柯里化的表格函数

```
const tableOf2 = (y) => 2 * y
const tableOf3 = (y) => 3 * y
```

```
const tableOf4 = (y) => 4 * y
```

根据上面的定义，这些函数可以用如下方式调用：

```
tableOf2(4)
=> 8
tableOf3(4)
=> 12
tableOf4(4)
=> 16
```

现在可以把这些表格的概念概括为一个单独的函数：

```
const genericTable = (x,y) => x * y
```

然后使用 genericTable 获得 tableOf2：

```
genericTable(2,2)
genericTable(2,3)
genericTable(2,4)
```

tableOf3 与 tableOf4 类似。如果你注意该模式会发现，我们用 2 填充了 tableOf2 的第一个参数，用 3 填充了 tableOf3 的第一个参数，以此类推。也许你在想，我们可以通过 curry 解决该问题。下面通过 curry 使用 genericTable 构建表格。见代码清单 6-7。

代码清单 6-7　柯里化的表格函数

```
const tableOf2 = curry(genericTable)(2)
const tableOf3 = curry(genericTable)(3)
const tableOf4 = curry(genericTable)(4)
```

现在可以用这些表格的柯里化版本测试：

```
console.log("Tables via currying")
console.log("2 * 2 =",tableOf2(2))
console.log("2 * 3 =",tableOf2(3))
console.log("2 * 4 =",tableOf2(4))
console.log("3 * 2 =",tableOf3(2))
console.log("3 * 3 =",tableOf3(3))
console.log("3 * 4 =",tableOf3(4))

console.log("4 * 2 =",tableOf4(2))
console.log("4 * 3 =",tableOf4(3))
console.log("4 * 4 =",tableOf4(4))
```

这将打印出我们期望的值：

```
Table via currying
2 * 2 = 4
2 * 3 = 6
2 * 4 = 8
3 * 2 = 6
3 * 3 = 9
3 * 4 = 12
4 * 2 = 8
4 * 3 = 12
4 * 4 = 16
```

6.2.2 日志函数——应用柯里化

上一节的例子帮助你理解了柯里化能做什么。本节将使用一个复杂点的例子。开发者编写代码的时候会在应用的不同阶段编写很多日志。我们可以编写一个如下的日志函数(代码清单 6-8)。

代码清单 6-8　简单的 loggerHelper 函数

```
const loggerHelper = (mode,initialMessage,errorMessage,lineNo) => {
        if(mode === "DEBUG")
                console.debug(initialMessage,errorMessage + "at line: " +
                lineNo)
        else if(mode === "ERROR")
                console.error(initialMessage,errorMessage + "at line: " +
                lineNo)
        else if(mode === "WARN")
                console.warn(initialMessage,errorMessage + "at line: " +
                lineNo)
        else
                throw "Wrong mode"
}
```

当团队中的任何开发者需要向控制台打印 Stats.js 文件中的错误时，可以用如下方式使用函数：

```
loggerHelper("ERROR","Error At Stats.js","Invalid argument passed",23)
loggerHelper("ERROR","Error At Stats.js","undefined argument",223)
loggerHelper("ERROR","Error At Stats.js","curry function is not defined",3)
loggerHelper("ERROR","Error At Stats.js","slice is not defined",31)
```

同样地，我们可以把 loggerHelper 函数用于调试和警告信息。你能看出，我们在所有的调用中重复使用了参数 mode 和 initialMessage。能做得更好吗？当然，可以通过柯里化实现上面的调用。能使用上一节中定义的 curry 函数吗？很可惜不能，原因是我们设计的 curry 函数只能处理二元函数，不能处理像 loggerHelper 一样的接受 4 个参数的函数。

下面让我们解决这个问题并实现 curry 函数的完整功能，它可以处理任何含有多个参数的函数。

6.2.3 回顾 curry

我们都知道我们只能把一个函数柯里化(代码清单 6-5)。那么多个函数会如何呢？在 curry 的实现中，这既简单又重要。下面来添加规则。见代码清单 6-9。

代码清单 6-9 回顾 curry 函数定义

```
let curry =(fn) => {
    if(typeof fn!=='function'){
        throw Error('No function provided');
    }
};
```

有了这层检查，如果其他人使用一个整数(比如 2)调用 curry 函数，他们就回到错误！这太好了！下一个柯里化函数的要求是，如果有人为柯里化函数提供了所有的参数，就需要通过传递这些参数执行真正的函数。下面添加这一步(代码清单 6-10)。

代码清单 6-10 处理参数的 curry 函数

```
let curry =(fn) => {
    if(typeof fn!=='function'){
        throw Error('No function provided');
    }

    return function curriedFn(...args){
      return fn.apply(null, args);
    };
};
```

如果我们有一个名为 multiply 的函数：

```
const multiply = (x,y,z) => x * y * z;
```

可以通过如下方式使用新的 curry 函数：

```
curry(multiply)(1,2,3)
=> 6
curry(multiply)(1,2,0)
=> 0
```

下面看看它是如何运行的，我们在 curry 函数中添加了下面的逻辑：

```
return function curriedFn(...args){
        return fn.apply(null, args);
};
```

返回函数是一个变参函数，它返回了传入 args 并通过 apply 调用函数的结果。

```
. . .
fn.apply(null, args);
. . .
```

通过 curry(multiply)(1,2,3)，args 将会指向[1,2,3]，由于我们调用了 fn 的 apply，它等价于：

```
multiply(1,2,3)
```

这就是我们想要的！我们从该函数中获得了期望的结果。

下面回到把多参数函数转换为嵌套的一元函数(这就是柯里化的定义)的问题！见代码清单 6-11。

代码清单 6-11　把多参数函数转换为一元函数的 curry 函数

```
let curry =(fn) => {
    if(typeof fn!=='function'){
        throw Error('No function provided');
    }

    return function curriedFn(...args){

      if(args.length < fn.length){
        return function(){
```

```
            return curriedFn.apply(null, args.concat(
              [].slice.call(arguments) ));
          };
        }

        return fn.apply(null, args);
      };
    };
```

我们添加了这部分：

```
if(args.length < fn.length){
        return function(){
          return curriedFn.apply(null, args.concat( [].
             slice.call(arguments)
          ));
        };
}
```

让我们逐句理解在这段代码中发生了什么：

```
args.length < fn.length
```

这一行特别的代码检查通过...args 传入的参数长度是否小于函数参数列表的长度。如果是，就进入 if 代码块，如果不是，就如之前一样调用整个函数。

一旦进入 if 代码块，就使用 apply 函数递归地调用 curriedFn：

```
curriedFn.apply(null, args.concat( [].slice.call(arguments) ));
```

此片段：

```
args.concat( [].slice.call(arguments) )
```

非常重要。我们使用 concat 函数连接一次传入一个的参数，并递归地调用 curriedFn。由于我们将所有传入的参数组合并递归地调用，在下面一行代码中将会遇到某一个时刻：

```
if (args.length < fn.length)
```

条件失败了。由于参数列表的长度(args)和函数参数的长度(fn.length)相等，if 代码块将被略过，程序将调用：

```
return fn.apply(null, args);
```

这将产生函数的完整结果！

理解了这些，我们就能通过 curry 函数调用 multiply 函数了：

```
curry(multiply)(3)(2)(1)
=> 6
```

好极了！我们创建了自己的 curry 函数。

注意

你也可以通过如下方式调用上面的代码片段：

```
let curriedMul3 = curry(multiply)(3)
let curriedMul2 = curriedMul3(2)
let curriedMul1 = curriedMul2(1)
```

curriedMul1 将等于 6。但是我们会这样做 curry(multiply)(3)(2)(1)，因为代码的可读性更强！

需要注意的重点是，curry 函数现在可以如例子展示的那样把一个多参数函数转换为一个一元函数了。

6.2.4　回顾日志函数

下面使用定义的 curry 函数解决日志函数的问题。为了便于参考，把该函数贴于此处(代码清单 6-8)：

```
const loggerHelper = (mode,initialMessage,errorMessage,lineNo) => {
      if(mode === "DEBUG")
            console.debug(initialMessage,errorMessage + "at line: " +
            lineNo)
      else if(mode === "ERROR")
            console.error(initialMessage,errorMessage + "at line: " +
            lineNo)
      else if(mode === "WARN")
            console.warn(initialMessage,errorMessage + "at line: " +
            lineNo)
      else
            throw "Wrong mode"
}
```

开发者习惯以如下方式调用函数：

```
loggerHelper("ERROR","Error At Stats.js","Invalid argument passed",23)
```

下面通过 curry 解决重复使用前两个参数的问题：

```
let errorLogger = curry(loggerHelper)("ERROR")("Error At Stats.js");
let debugLogger = curry(loggerHelper)("DEBUG")("Debug At Stats.js");
let warnLogger = curry(loggerHelper)("WARN")("Warn At Stats.js");
```

现在我们能够轻松地引用上面的柯里化函数并在各自的上下文中使用它们了：

```
// 用于错误
errorLogger("Error message",21)
=> Error At Stats.js Error messageat line: 21

// 用于调试
debugLogger("Debug message",233)
=> Debug At Stats.js Debug messageat line: 233

// 用于警告
warnLogger("Warn message",34)
=> Warn At Stats.js Warn messageat line: 34
```

这太棒了！我们看到，curry 函数有助于移除很多函数调用中的样板代码！多亏了闭包的概念，curry 函数才得以实现。

6.3 柯里化实战

在上一节中，我们创建了自己的“curry”函数。也看到了使用“curry”函数的简单示例。

在本节中，我们将看到柯里化技术在小巧而简洁的示例中的应用。本节中的示例将使你在日常工作中对如何使用柯里化有更好的理解。

6.3.1 在数组内容中查找数字

假设我们要查找含有数字的数组内容。可以通过下面的代码片段解决：

```
let match = curry(function(expr, str) {
```

```
  return str.match(expr);
});
```

返回的 match 函数是一个柯里化函数。我们可以给第一个参数 expr 一个正则表达式/[0-9]+/，这将表明内容中是否含有数字。

```
let hasNumber = match(/[0-9]+/)
```

现在我们创建一个柯里化的 filter 函数：

```
let filter = curry(function(f, ary) {
  return ary.filter(f);
});
```

通过 hasNumber 和 filter，我们就可以创建一个新的名为 findNumbersInArray 的函数：

```
let findNumbersInArray = filter(hasNumber)
```

现在可以测试它：

```
findNumbersInArray(["js","number1"])
=> ["number1"]
```

大功告成！

6.3.2　求数组的平方

我们知道如何求数组的平方，也在前几章中看过示例。我们使用 map 函数并传入一个平方函数来解决问题。但是在此处可以通过 curry 函数以另一种方式解决该问题：

```
let map = curry(function(f, ary) {
  return ary.map(f);
});

let squareAll = map((x) => x * x)

squareAll([1,2,3])
=> [1,4,9]
```

从上面的例子中可以看出，我们创建了一个新的函数 squareAll，它在代码库的其他位置也能使用。同样地，你可以将该方法应用于 findEvenOfArray、findPrimeOfArray 等。

6.4 数据流

前两节都使用了柯里化，我们设计的柯里化函数总是在最后接受数组。这是有意而为之！如前几章讨论的，程序员会经常处理像数组一样的数据结构，所以把数组作为最后一个参数能使我们创建像 squareAll 和 findNumbersInArray 一样可重用的函数，如此我们就能在代码库中的各处使用它们了！

注意

在源代码中，我们把 curry 函数命名为 curryN。这仅是为了保留旧的 curry 函数，它支持用于二元函数的柯里化。

6.4.1 偏应用

在本节中，我们将了解一个名为 partial 的函数，它允许开发者部分地应用函数参数！

假设我们要在每 10 毫秒后做一组操作。可以通过 setTimeout 函数以如下方式实现：

```
setTimeout(() => console.log("Do X task"),10);
setTimeout(() => console.log("Do Y task"),10);
```

如你所见，我们为每一个 setTimeout 函数调用都传入了 10。能在代码中把它隐藏吗？能使用 curry 函数解决吗？答案是否定的。原因在于 curry 函数应用参数列表的顺序是从最左到最右！由于我们想根据需要传递函数，并将 10 保存为常量(参数列表的最右边)，所以不能以这种方式使用 curry。一个变通方案是把 setTimeout 函数封装一下，如此，函数参数就会变为最右边的一个。

```
const setTimeoutWrapper = (time,fn) => {
  setTimeout(fn,time);
}
```

然后就能通过 curry 函数封装 setTimeout 来实现一个 10 毫秒延迟：

```
const delayTenMs = curry(setTimeoutWrapper)(10)
delayTenMs(() => console.log("Do X task"))
delayTenMs(() => console.log("Do Y task"))
```

程序将以我们需要的方式运行。但问题是我们不得不创建如 setTimeoutWrapper 一样的封装器，这是一种开销！而此处就是可以使用偏应用技术的地方！

6.4.2 实现偏函数

为了全面理解偏应用技术的运行机制，在本节中我们将创建自己的偏(partial)函数。实现完成后，我们将通过一个简单的例子学习如何使用偏函数。

它的实现如下(代码清单 6-12)。

代码清单 6-12　偏函数定义

```
const partial = function (fn,...partialArgs){
  let args = partialArgs;
  return function(...fullArguments) {
    let arg = 0;
    for (let i = 0; i < args.length && arg < fullArguments.length; i++) {
      if (args[i] === undefined) {
        args[i] = fullArguments[arg++];
        }
      }
      return fn.apply(null, args);
  };
};
```

下面快速地在当前问题上应用该偏函数：

```
let delayTenMs = partial(setTimeout,undefined,10);
delayTenMs(() => console.log("Do Y task"))
```

这将在控制台中打印出期望的结果。现在让我们浏览一遍偏函数的实现细节。第一次执行时我们捕获了传入函数的参数：

```
partial(setTimeout,undefined,10)

// 这将产生
let args = partialArgs
```

```
=> args = [undefined,10]
```

返回函数将记住 args 的值(是的，我们再次使用了闭包！)。返回函数非常简单。它接受一个名为 fullArguments 的参数。所以，可以像 delayTenMs 那样通过传入参数调用函数：

```
delayTenMs(() => console.log("Do Y task"))

// fullArguments 指向
//[() => console.log("Do Y task")]

// 使用闭包的 args 将包含
//args = [undefined,10]
```

在 for 循环中我们执行遍历并为函数创建必需的参数数组：

```
if (args[i] === undefined) {
        args[i] = fullArguments[arg++];
    }
}
```

下面从 i 为 0 时开始：

```
//args = [undefined,10]
//fullArguments = [() => console.log("Do Y task")]
args[0] => undefined === undefined //true

// 在 if 循环内
args[0] = fullArguments[0]
=> args[0] = () => console.log("Do Y task")

// 如此 args 将变为
=> [() => console.log("Do Y task"),10]
```

从上面的代码片段中可以看到，args 指向我们期望的 setTimeout 函数调用所需的数组。一旦在 args 中有了必需的参数，我们就能通过 fn.apply(null, args)调用函数了！

记住，我们可以将 partial 应用于任何含有多个参数的函数。为了更具体些，请看下面的例子。在 JavaScript 中，我们使用下面的函数调用来做 JSON 的美化输出：

```
let obj = {foo: "bar", bar: "foo"}
JSON.stringify(obj, null, 2);
```

如你所见，stringify 函数调用的最后两个参数总是相同的“null,2”。我们可以用 partial 移除样板代码：

```
let prettyPrintJson = partial(JSON.stringify,undefined,null,2)
```

然后就可以使用 prettyPrintJson 来打印 json：

```
prettyPrintJson({foo: "bar", bar: "foo"})
```

这将为你输出：

```
"{
  "foo": "bar",
  "bar": "foo"
}"
```

注意

在我们的偏函数实现中有一个小 bug。如果你用一个不同的参数再次调用 prettyPrintJson 会如何？它能正常工作吗？

它将总是给出第一次调用的结果，为什么？你能发现错在哪里了吗？

提示：记住，我们通过用参数替换 undefined 值的方式修改 partialArgs，而数组传递的是引用！

6.4.3 柯里化与偏应用

我们了解了这两种技术。那么问题是什么时候该用哪一个？答案取决于 API 是如何定义的。如果 API 如 map、filter 一样定义，我们就可以轻松地用 curry 函数解决问题。但是如上一节讨论的，事情往往事与愿违。可能存在不是为 curry 函数设计的函数，比如例子中的 setTimeout。在这种情况下，最合适的选择是使用偏函数！归根结底，我们使用 curry 或 partial 是为了让函数参数或函数设置变得更加简单和强大！

还要重点注意，柯里化将返回嵌套的一元函数。为了方便起见，我们实现了 curry，使它能够接受多个参数。还有一个已经被证明的事实，开发者需要 curry 或 partial，但并不是同时需要。

这将为本章的讨论画上句号！

6.5 小结

柯里化与偏应用一直是函数式编程的工具。我们从解释柯里化的定义开始本章，即把一个多参数函数转换为一个嵌套的一元函数。我们看到了柯里化的例子及其用途。但是在这些例子中，有时填充函数的前两个参数和最后一个参数会使中间的参数处于一种未知状态！这正是偏应用发挥作用的地方。为了全面理解这些概念，我们实现了自己的 curry 和 partial 函数！我们取得了很大的进步，但是还没有完成！

函数式编程就是组合函数——组合一些小函数来构建一个新函数！组合与管道将是下一章的主题。

第 7 章

组合与管道

注意

本章的示例和类库源代码在chap07分支。仓库的URL是: https://github.com/antoaravinth/functional-es6.git。

检出代码时，请检出 chap07 分支:

```
...
git checkout -b chap07 origin/chap07
...
```

为使代码运行起来，和以前一样，执行命令:

```
...
npm run playground
...
```

在上一章中，我们了解了两种函数式编程的重要技术：柯里化与偏应用。讨论了两种技术的运行机制！作为一名 JavaScript 程序员，应该在代码库中选择柯里化或偏应用之一。在本章中，我们将了解函数式组合的含义及其实际用例。

函数式组合在函数式编程中被称为组合(composition)。我们将了解组合的概念并学习大量的例子。然后创建自己的 compose 函数。理解 compose 函数底层的运行机制是一项有趣的任务。

7.1 组合的概念

在了解什么是函数式组合之前，让我们理解组合的概念。本节将介绍一种理念，它将使我们从组合中受益匪浅。

Unix 的理念

Unix 的理念是由 Ken Thompson 提出的一套思想。其中一部分内容如下：

每个程序只做好一件事情。为了完成一项新的任务，重新构建要好于在复杂的旧程序中添加新“属性”。

这正是我们在创建函数时秉承的理念。到目前为止，本书中的函数都应该接受一个参数并返回数据。是的，函数式编程遵循了 Unix 的理念。

该理念的第二部分是：

每个程序的输出应该是另一个尚未可知的程序的输入。

这很有趣。是何含义呢？为了说清楚这一点，下面看一些在 Unix 平台上的命令，它们是遵循这些理念构建的。

例如，cat 命令(可将它看作一个函数)用于在控制台中显示文本文件的内容。它接受一个参数(类似函数)，该参数表示文件的位置，并将输出(也与函数类似)打印到控制台。运行下面的命令：

```
cat test.txt
```

这将在控制台中打印出：

```
Hello world
```

注意

此处 test.txt 的内容是 Hello world。

非常简单。另一个命令称为 grep，它允许我们在一个给定的文本中搜索内容。要注意的重点是，grep 函数接受一个输入并给出输出(也与

函数非常类似)。

运行下面的 grep 命令：

```
grep 'world' test.txt
```

这将返回匹配的内容：

```
Hello world
```

我们介绍了两个非常简单的函数：grep 和 cat，它们都是遵循 Unix 的理念构建的。现在花些时间来理解下面这句话：

每个程序的输出应该是另一个尚未可知的程序的输入。

假设你想通过 cat 命令发送数据，并将其作为 grep 命令的输入以完成一次搜索。我们知道 cat 命令会返回数据，而 grep 命令会接收数据并将其用于搜索操作。因此，使用 Unix 的管道符号|，我们就能够完成该任务：

```
cat test.txt | grep 'world'
```

这将返回期望的数据：

```
Hello world
```

注意

符号“|”被称为管道符号。它允许我们通过组合一些函数去创建一个能够解决问题的新函数！大致来说，“|”将最左侧的函数输出作为输入发送给最右侧的函数！从技术上讲，该处理过程称为管道。

上面的例子可能微不足道，但它传达了下面这句话背后的理念：

每个程序的输出应该是另一个尚未可知的程序的输入。

如例子所示，grep 命令或一个函数可以接收 cat 命令或一个函数的输出。总而言之，我们在此处不费吹灰之力地创建了一个新函数。当然，管道在两个命令之间扮演了桥梁的角色。

让我们稍微修改一下问题的描述。如果想计算单词 word 在给定文本文件中的出现次数，该如何实现呢？

下面是解决方案：

```
cat test.txt | grep 'world' | wc
```

注意

命令 wc 用于计算单词在给定文本中的数量。该命令在所有的 Unix 和 Linux 平台上都可用。

这将返回期望的数据！如上面的例子所示，随着需求即时地加入，我们通过基础函数创建了一个新函数！也就是说，我们通过基础函数组合成一个新函数。注意，基础函数需要遵循如下规则：

每一个基础函数都需要接受一个参数并返回数据！

通过“|”能够组合成一个新函数。如本章所示，我们将构建自己的 compose 函数，它将完成“|”在 Unix/Linux 中的工作。

我们通过基础函数理解了组合函数的思想！组合函数真正的优势在于：无须创建新的函数就可以通过基础函数解决眼前的问题！

7.2 函数式组合

本节将讨论一个有用的函数式组合用例。跟我往下看——你将会喜欢上 compose 函数的思想。

7.2.1 回顾 map 与 filter

在第 5 章“数组的函数式编程”的“连接操作”一节中，我们了解了如何在 map 和 filter 之间连接数据。下面快速回顾一下该问题及其解决方案。

我们有一个对象数组，结构如代码清单 7-1 所示：

代码清单 7-1 Apress 图书对象的结构

```
let apressBooks = [
    {
```

```
        "id": 111,
        "title": "C# 6.0",
        "author": "ANDREW TROELSEN",
        "rating": [4.7],
        "reviews": [{good : 4 , excellent : 12}]
    },
    {
        "id": 222,
        "title": "Efficient Learning Machines",
        "author": "Rahul Khanna",
        "rating": [4.5],
        "reviews": []
    },
    {
        "id": 333,
        "title": "Pro AngularJS",
        "author": "Adam Freeman",
        "rating": [4.0],
        "reviews": []
    },
    {
        "id": 444,
        "title": "Pro ASP.NET",
        "author": "Adam Freeman",
        "rating": [4.2],
        "reviews": [{good : 14 , excellent : 12}]
    }
];
```

问题是从 apressBooks 中获取含有 title 和 author 字段且评级高于 4.5 的对象。我们的解决方案如代码清单 7-2 所示：

代码清单 7-2　使用 map 获取 author 细节

```
map(filter(apressBooks, (book) => book.rating[0] > 4.5),(book) =>
{
    return {title: book.title,author:book.author}
})
```

我们获得了如下所示的结果：

```
[
        {
                title: 'C# 6.0',
                author: 'ANDREW TROELSEN'
        }
]
```

该解决方案的代码说明了一点：filter 输出的数据被作为输入参数传递给 map 函数！是的，你猜对了。听上去是不是与上一节通过 Unix 的“|”解决的问题完全相同？在 JavaScript 中能做同样的事情吗？即创建一个函数，通过把一个函数的输出作为输入发送给另一个函数的方式把两个函数组合起来。

是的，我们可以。下面介绍 compose 函数。

7.2.2 compose 函数

本节将创建第一个 compose 函数。方法简单而直接，它需要接受一个函数的输出，并将其作为输入传递给另一个函数。下面把该过程封装进一个函数，见代码清单 7-3。

代码清单 7-3 compose 函数定义

```
const compose = (a, b) =>
  (c) => a(b(c))
```

compose 函数很简单并实现了我们的需求。它接受两个函数，a 和 b，并返回了一个接受参数 c 的函数。当用 c 调用返回函数时，它将用输入 c 调用函数 b，b 的输出将作为 a 的输入。这就是 compose 函数的定义！

在深入研究上一节的例子之前，让我们用一个简单的例子快速测试一下 compose 函数。

注意

compose 函数会首先执行 b，并将 b 的返回值作为参数传递给 a。该函数调用的方向是从右至左的(也就是说，先执行 b，再执行 a)。

7.3 应用 compose 函数

有了 compose 函数，下面来构建一些有趣的例子。

假设我们想对一个给定的数字四舍五入求值。给定的数字为浮点型，因此必须将数字转换为浮点型并调用 Math.round。

如果不使用组合，我们可以通过如下方式做：

```
let data = parseFloat("3.56")
let number = Math.round(data)
```

输出将是我们期望的 4。可以看到，data(parseFloat 函数的输出)被作为输入传递给 Math.round 以获得结果，这是 compose 函数能够解决的典型问题。

下面通过 compose 函数解决该问题：

```
let number = compose(Math.round,parseFloat)
```

上面的语句将返回一个新函数，它被存储在一个变量 number 中，与下面的代码等价：

```
number = (c) => Math.round(parseFloat(c))
```

如果向 number 函数传入 c，我们将得到期望的结果：

```
number("3.56")
=> 4
```

上面的过程就是函数式组合！我们将两个函数组合在一起以便能即时地构建出一个新函数！此处要注意的重点是，函数 Math.round 或 parseFloat 直到调用 number 函数时才会执行。

假设我们有两个函数：

```
let splitIntoSpaces = (str) => str.split(" ");
let count = (array) => array.length;
```

如果想构建一个新函数以便计算一个字符串中单词的数量，可以很容易地实现：

```
const countWords = compose(count,splitIntoSpaces);
```

调用下面的代码：

```
countWords("hello your reading about composition")
=> 5
```

通过 compose 新创建的函数 countWords 是一种优雅而简单的实现方式！

7.3.1 引入 curry 与 partial

我们知道，仅当函数接受一个参数时，我们才能将两个函数组合。但情况并非总是如此，还存在多参数函数！如何组合这些函数？有何应对措施吗？

是的，我们可以通过上一章定义的 curry 或 partial 函数来实现。你可以回忆一下“回顾 map 与 filter”一节。从本章开始，我们使用下面的代码解决了手头的问题(代码清单 7-2)：

```
map(filter(apressBooks, (book) => book.rating[0] > 4.5),(book) => {
    return {title: book.title,author:book.author}
})
```

现在可以使用 compose 函数将 map 和 filter 组合起来吗？记住，map 和 filter 函数都接受两个参数：第一个参数是数组，第二个参数是操作数组的函数。因此，不能直接将它们组合。

但是我们可以求助于 partial 函数。记住，上面的代码片段操作的是 apressBooks 对象。把它贴于此处便于参考：

```
let apressBooks = [
    {
        "id": 111,
        "title": "C# 6.0",
        "author": "ANDREW TROELSEN",
        "rating": [4.7],
        "reviews": [{good : 4 , excellent : 12}]
    },
    {
        "id": 222,
        "title": "Efficient Learning Machines",
        "author": "Rahul Khanna",
        "rating": [4.5],
        "reviews": []
    },
    {
        "id": 333,
        "title": "Pro AngularJS",
        "author": "Adam Freeman",
        "rating": [4.0],
        "reviews": []
```

```
    },
    {
        "id": 444,
        "title": "Pro ASP.NET",
        "author": "Adam Freeman",
        "rating": [4.2],
        "reviews": [{good : 14 , excellent : 12}]
    }
];
```

假设我们根据不同评级在代码库中定义了很多小函数用于过滤图书，如下所示：

```
let filterOutStandingBooks = (book) => book.rating[0] === 5;
let filterGoodBooks = (book) => book.rating[0] > 4.5;
let filterBadBooks = (book) => book.rating[0] < 3.5;
```

我们也定义了很多投影函数，如下所示：

```
let projectTitleAndAuthor = (book) => { return {title: book.
title,author:book.author} }
let projectAuthor = (book) => { return {author:book.author} }
let projectTitle = (book) => { return {title: book.title} }
```

注意

你可能想知道为什么我们为简单的事情定义了小函数。记住，组合的思想就是把小函数组合成一个大函数。简单的函数容易阅读、测试和维护。在本节中可看到，我们可以通过 compose 构建任何功能。

现在该解决我们的问题了——获取评级高于 4.5 的图书的标题和作者，我们可以使用 compose 和 partial 实现，如下所示：

```
let queryGoodBooks = partial(filter,undefined,filterGoodBooks);
let mapTitleAndAuthor = partial(map,undefined,projectTitleAndAuthor)

let titleAndAuthorForGoodBooks = compose(mapTitleAndAuthor,
   queryGoodBooks)
```

下面花些时间来理解 partial 函数在该问题中发挥的作用。如前面提到的，compose 函数只能组合接受一个参数的函数！但是 filter 和 map 接受两个参数，因此，我们不能直接将它们组合。

这就是我们使用 partial 函数部分地应用 map 和 filter 的第二个参数的原因，如下所示：

```
partial(filter,undefined,filterGoodBooks);
partial(map,undefined,projectTitleAndAuthor)
```

此处我们传入了 filterGoodBooks 函数来查找评级高于 4.5 的图书，传入 projectTitleAndAuthor 函数来获取 apressBooks 对象的 title 和 author 属性！现在返回的偏应用将只接受一个数组参数！有了这两个偏函数，我们就可以通过 compose 将它们组合起来。见代码清单 7-4。

代码清单 7-4　使用 compose 函数

```
let titleAndAuthorForGoodBooks = compose(mapTitleAndAuthor,
   queryGoodBooks)
```

现在函数 titleAndAuthorForGoodBooks 只接受一个参数，下面把 apressBooks 对象数组传给它：

```
titleAndAuthorForGoodBooks(apressBooks)
=> [
        {
                title: 'C# 6.0',
                author: 'ANDREW TROELSEN'
        }
]
```

我们不使用 compose 便可精确地获得想要的结果。但在我看来，最终的组合版本 titleAndAuthorForGoodBooks 更具可读性，也更加优雅。你可以感受到其中的价值，创建小的函数单元可以通过 compose 重建为各种需求！

在相同的例子中，如果我们只想获取评级高于 4.5 的图书的标题，该怎么办？很简单：

```
let mapTitle = partial(map,undefined,projectTitle)
let titleForGoodBooks = compose(mapTitle,queryGoodBooks)

//call it
titleForGoodBooks(apressBooks)
=> [
        {
```

```
            title: 'C# 6.0'
        }
]
```

只获取评级等于 5 的图书的作者，又该怎么办呢？应该很容易，是不是？我们把该问题留给你，使用上面定义的函数和 compose 函数去解决！

注意

本节使用了 partial 来填充函数的参数。然而你可以使用 curry 做同样的事情。只是选择的问题。但是你能使用 curry 给出上面例子的解决方案吗？(提示：颠倒 map 和 filter 的参数顺序。)

7.3.2　组合多个函数

当前版本的 compose 函数只能组合两个给定的函数。如何组合三个、四个或更多个函数呢？很可惜，当前的实现不能处理该问题。下面重写 compose 函数，以便它能够即时地组合多个函数。

记住，我们需要把每个函数的输出作为输入发送给另一个函数(通过递归地存储上一次执行的函数的输出)。可以使用 reduce 函数，在上一章中我们使用它逐次归约多个函数调用。见代码清单 7-5。

代码清单 7-5　组合多个函数

```
const compose = (...fns) =>
  (value) =>
    reduce(fns.reverse(),(acc, fn) => fn(acc), value);
```

注意

上面函数在源代码仓库中名为 composeN。

该函数实现的关键是下面一行：

```
reduce(fns.reverse(),(acc, fn) => fn(acc), value);
```

注意

回忆上一章，我们使用 reduce 函数把数组归约为一个单一的值(通过一个累加器的值，也就是 reduce 的第三个参数)，例如，为了求给定数组的和，应该以如下方式使用 reduce:

```
reduce([1,2,3],(acc,it) => it + acc,0)
=> 6
```

此处数组[1,2,3]被归约到[6]，累加器的初始值是 0。

此处我们首次通过 fns.reverse()反转了函数数组，并传入了函数(acc, fn) => fn(acc)，它会以传入的 acc 作为其参数依次调用每一个函数。很显然，累加器的初始值是 value 变量，它将作为函数的第一个输入！

有了新的 compose 函数，下面用一个旧的例子测试一下它。在上一节中，我们组合了一个函数用于计算给定字符串的单词数：

```
let splitIntoSpaces = (str) => str.split(" ");
let count = (array) => array.length;
const countWords = compose(count,splitIntoSpaces);

// 计算单词数
countWords("hello your reading about composition")
=> 5
```

假设我们想知道给定字符串的单词数是奇数还是偶数。而我们已经有了一个这样的函数：

```
let oddOrEven = (ip) => ip % 2 == 0 ? "even" : "odd"
```

通过 compose 函数，我们就可以将这三个函数组合起来以得到想要的结果：

```
const oddOrEvenWords = compose(oddOrEven,count,splitIntoSpaces);
oddOrEvenWords("hello your reading about composition")
=> ["odd"]
```

我们得到了期望的结果！去大胆应用新的 compose 函数吧！

现在我们对如何使用 compose 函数有了透彻的理解。在下一节中，我们将了解组合概念的另一种应用方式，它称为管道。

7.4　管道/序列

在上一节中，我们了解了 compose 函数数据流的运行机制。是的，compose 的数据流是从右至左的，因为最右侧的函数首先执行，将数据传递给下一个函数，以此类推……最左侧的函数最后执行！

某些人喜欢另一种方式——最左侧的函数最先执行，最右侧的函数最后执行。还记得吗，当我们进行“|”操作时，Unix 命令的数据流是从左至右的。因此在本节中，我们将实现一个新的名为 pipe 的函数，它与 compose 函数所做的事情相同，只不过交换了数据流的方向！

注意

从左至右处理数据流的过程称为管道(pipeline)或序列(sequence)！你可以按照自己喜欢的方式称呼它们。

实现 pipe

pipe 函数只不过是 compose 函数的复制品，唯一的修改是数据流。见代码清单 7-6。

代码清单 7-6　pipe 函数定义

```
const pipe = (...fns) =>
  (value) =>
    reduce(fns,(acc, fn) => fn(acc), value);
```

这就是 pipe 函数的定义！注意，此处没有如 compose 一样调用 fns 的 reverse 函数，这意味着我们将按原有的顺序执行函数(从左至右)。

下面通过重新执行上一节的例子快速检验一下 pipe 函数的实现：

```
const oddOrEvenWords = pipe(splitIntoSpaces,count,oddOrEven);
oddOrEvenWords("hello your reading about composition");
=> ["odd"]
```

结果完全相同。但请注意，在执行管道操作时我们改变了函数的顺序！首先调用 splitIntoSpaces，然后调用 count，最后调用 oddOrEven！

与组合相比，有些人(他们具备 shell 脚本的知识)更喜欢管道。这只是个人偏好，与底层实现无关。重点是 pipe 和 compose 做相同的事情，只是数据流方向不同而已！你可以在代码库中使用 pipe 或 compose，但不要同时使用，因为这会在团队成员间引起混淆。坚持只用一种组合的风格。

7.5 组合的优势

本节将讨论两个主题。首先讨论组合最重要的属性之一——组合满足结合律。然后讨论组合多个函数时如何调试！

下面分别阐述。

7.5.1 组合满足结合律

函数式组合总是满足结合律：

```
compose(f, compose(g, h)) == compose(compose(f, g), h);
```

下面快速看一下上一节的例子：

```
//compose(compose(f, g), h)

let oddOrEvenWords = compose(compose(oddOrEven,count),splitIntoSpaces);
let oddOrEvenWords("hello your reading about composition")
=> ['odd']

//compose(f, compose(g, h))

let oddOrEvenWords = compose(oddOrEven,compose(count,splitIntoSpaces));
let oddOrEvenWords("hello your reading about composition")
=> ['odd']
```

从上面的例子可以看出，两种情况的执行结果是相同的！这就证明了函数式组合满足结合律。你可能在想，其中的好处是什么？

真正的好处是它允许我们把函数组合到各自所需的 compose 函数中！比如：

```
let countWords = compose(count,splitIntoSpaces)
let oddOrEvenWords = compose(oddOrEven,countWords)

or
let countOddOrEven = compose(oddOrEven,count)
let oddOrEvenWords = compose(countOddOrEven,splitIntoSpaces)

or
...
```

上面的代码能够运行是因为组合具有结合律的属性！前面我们讨论过创建小函数是组合的关键！由于组合满足结合律，我们才能够没有顾虑地通过组合的方式创建小函数，因为结果一定是相同的！

7.5.2　使用 tap 函数调试

tap 是 underscore.js 中的一个函数，其主要目的是在一个链式调用中对中间结果执行某些操作。本节定义的 identity 函数有类似功能，即打印 compose 函数的中间结果。

本章讨论了很多关于 compose 函数的知识。compose 函数可以组合任意数量的函数。数据将从右至左地在一个链路中流动，直到全部函数执行完毕！本节将教你一个 compose 的调试技巧。

下面创建一个简单的名为 identity 的函数。该函数的目标是接受参数并将其返回。定义如下：

```
const identity = (it) => {
        console.log(it);
        return it
}
```

此处我们添加了一行简单的 console.log 来打印该函数接收到的值并将其返回！假设我们有如下的函数调用：

```
compose(oddOrEven,count,splitIntoSpaces)("Test string");
```

当你执行上面的代码时，如果 count 函数抛出了错误该怎么办？如何得知 count 函数接收到的参数是什么？这就是 identity 函数发挥作用的地方。我们将 identity 添加到数据流中可能出现错误的位置。

```
compose(oddOrEven,count,identity,splitIntoSpaces)("Test string");
```

这将打印出 count 函数接收到的输入参数。该函数对于调试函数接收到的数据非常有帮助。

7.6 小结

我们从 Unix 的理念谈起。了解了 cat、grep、wc 这些命令是如何按需组合的！然后创建了自己的 compose 函数，用 JavaScript 实现了同样的目标！小巧的 compose 函数对开发者却大有用处，因为我们能够通过定义良好的小函数按需组合成复杂的函数。我们也通过一个偏函数了解了柯里化在函数式组合中发挥的作用。

我们还讨论了一个称为 pipe 的函数，与 compose 函数相比，它做了相同的事情，但反转了数据流的方向。在本章的最后，我们讨论了一个组合的重要属性——组合满足结合律！还提供了一个名为 identity 的小函数，当发现 compose 函数的问题时可以用它作为调试工具！

下一章将介绍函子(Functor)。函子非常简单，但同时也非常强大。在下一章中，我们将了解更多关于函子的知识和例子！

第 8 章

函　子

注意

本章的示例和类库源代码在chap08分支。仓库的URL是: https://github.com/antoaravinth/functional-es6.git。

检出代码时，请检出 chap08 分支:

```
...
git checkout -b chap08 origin/chap08
...
```

为使代码运行起来，和以前一样，执行命令:

```
...
npm run playground
...
```

上一章讨论了很多函数式编程的技术。在本章中，我们将了解编程中的一个重要概念，即错误处理。错误处理是一种常见的编程技术。但在函数式编程中错误处理的方式有些不同，这是本章要介绍的。

我们将了解一个新概念，即函子(Functor)。它将用一种纯函数式的方式帮助我们处理错误。在掌握了函子的思想后，我们将实现两个真实的函子：MayBe 和 Either。

8.1 什么是函子

在本节中，我们将了解什么是函子。其定义如下：

函子是一个普通对象(在其他语言中，可能是一个类)，它实现了 map 函数，在遍历每个对象值的时候生成一个新对象。

这就是函子的定义。初看之下并不容易理解。我们将逐节分解它的含义，以便能够清晰地理解，并在实战中(通过编写代码)了解什么是函子。

8.1.1 函子是容器

简言之，函子是一个持有值的容器。定义中已说明：函子是一个普通对象。下面创建一个简单的容器，它能够持有任何传给它的值，我们称之为 Container。见代码清单 8-1。

代码清单 8-1 Container 定义

```
const Container = function(val) {
        this.value = val;
}
```

你可能想知道为什么我们不使用箭头语法编写 Container 函数：

```
const Container = (val) => {
        this.value = val;
}
```

上面的代码没有错，但当我们尝试将 new 关键字应用于 Container 时，将得到如下的错误：

```
Container is not a constructor(...)(anonymous function)
```

为什么？从技术上讲，为了创建一个新对象，函数应该具有一个内部方法[[Construct]]和 prototype 属性。很遗憾，箭头函数两者都不具备！因此，我们使用了老朋友 function，它具有内部方法[[Construct]]，也可访问 prototype 属性。

有了 Container，下面通过它创建一个新对象，如代码清单 8-2 所示。

代码清单 8-2　应用 Container

```
let testValue = new Container(3)
=> Container(value:3)

let testObj = new Container({a:1})
=> Container(value:{a:1})

let testArray = new Container([1,2])
=> Container(value:[1,2])
```

此处没什么特别的。Container 只是持有了内部的值。我们可以传入任何 JavaScript 数据类型，Container 都会持有它。在继续之前，我们为 Container 创建一个名为 of 的静态工具类方法，它可以为我们在创建新的 Container 时省略 new 关键字。代码如代码清单 8-3 所示。

代码清单 8-3　of 方法定义

```
Container.of = function(value) {
  return new Container(value);
}
```

通过 of 方法，我们就能重写上面的代码(代码清单 8-2)，如代码清单 8-4 所示：

代码清单 8-4　用 of 创建 Container

```
testValue = Container.of(3)
=> Container(value:3)

testObj = Container.of({a:1})
=> Container(value:{a:1})

testArray = new Container([1,2])
=> Container(value:[1,2])
```

值得注意，Container 也可以包含嵌套的 Container：

```
Container.of(Container.of(3));
```

该语句将输出：

```
Container {
        value: Container {
                value: 3
        }
}
```

我们定义了函子，它只是持有值的容器，下面回顾一下该定义。

函子是一个普通对象(在其他语言中，可能是一个类)，它实现了 map 函数，在遍历每个对象值的时候生成一个新对象。

看上去函子需要实现 map 方法。下一节将实现该方法。

8.1.2 函子实现了 map 方法

在实现 map 方法前，让我们暂停并思考一下为什么首先需要 map 函数。记住，Container 仅仅持有了传给它的值。但持有值的行为几乎没有任何应用场景。此处就是 map 函数发挥作用的地方。它允许我们使用当前 Container 持有的值调用任何函数。

map 函数从 Container 中取出值，将传入的函数应用于其上，并将结果放回 Container。如图 8-1 所示：

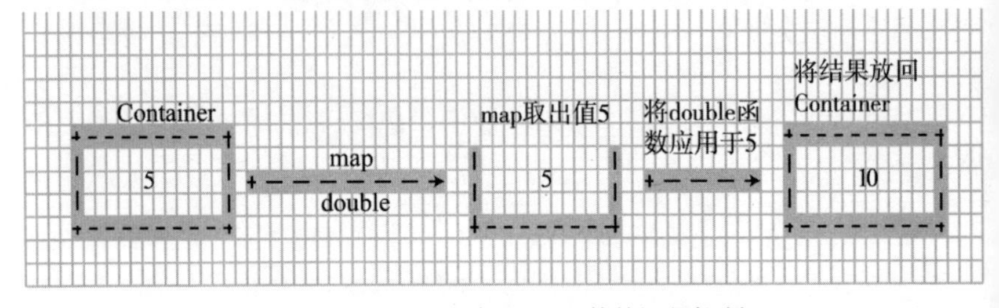

图 8-1 Container 与 map 函数的运行机制

图 8-1 说明了 map 函数与 Container 对象的运行方式。它接受 Container 中的值，在本例中该值为 5，并将其传给传入的函数 double(该函数将给定的数值翻倍)，最后将结果放回 Container。理解了这些后，下面实现 map 函数，见代码清单 8-5。

代码清单 8-5 map 函数定义

```
Container.prototype.map = function(fn){
  return Container.of(fn(this.value));
}
```

如上所示，map 函数实现了上图的讨论！它既简单又优雅！为了更具体些，下面将图变为代码：

```
let double = (x) => x + x;
Container.of(3).map(double)
=> Container { value: 6 }
```

注意，map 返回了以传入函数的执行结果为值的 Container 实例，这就允许我们进行链式操作：

```
Container.of(3).map(double)
                                .map(double)
                                .map(double)
=> Container {value: 24}
```

通过 map 函数实现 Container，我们能够完全理解函子的定义：

函子是一个普通对象(在其他语言中，可能是一个类)，它实现了 map 函数，在遍历每个对象值的时候生成一个新对象。

换句话讲：

函子是一个实现了 map 契约的对象！

这就是函子。但你可能想知道函子可以用来做什么？我们将在后续的章节中回答该问题。

注意

函子是一个寻求契约的概念。如我们所见，该契约很简单，就是实现 map！实现 map 函数的方式提供了不同类型的函子，如 MayBe、Either，我们将在后面讨论它们。

8.2 MayBe 函子

本章开始我们提出了如何利用函数式编程技术处理错误或异常的问题。在上一节中，我们学习了函子的基本概念。在本节中，我们将了解一个名为 MayBe 的函子。它使我们能够以更加函数式的方式处理代码中的错误。

8.2.1 实现 MayBe 函子

MayBe 是一个函子，这意味着它将实现一个 map 函数，但是会用一种不同的方式。下面从一个简单的 MayBe 开始，它能够持有数据(与 Container 的实现非常相似)。见代码清单 8-6。

代码清单 8-6 MayBe 函数定义

```
const MayBe = function(val) {
  this.value = val;
}

MayBe.of = function(val) {
  return new MayBe(val);
}
```

我们创建了与 Container 实现类似的 MayBe。如前所述，需要为其实现一个 map 契约，如代码清单 8-7 所示：

代码清单 8-7 MayBe 的 map 函数定义

```
MayBe.prototype.isNothing = function() {
  return (this.value === null || this.value === undefined);
};
MayBe.prototype.map = function(fn) {
  return this.isNothing() ? MayBe.of(null) : MayBe.of(fn(this.value));
};
```

该 map 函数与 Container(简单的函子)的 map 函数做了非常相似的事情。MayBe 的 map 在应用传入的函数之前先使用 isNothing 函数检查容器中的值是否为 null 或 undefined：

```
(this.value === null || this.value === undefined);
```

注意，map 把应用函数的返回值放回了容器：

```
return this.isNothing() ? Maybe.of(null) : Maybe.of(f(this.__value));
```

下面看看 MayBe 的实战。

8.2.2 简单用例

如上一节所讨论的，MayBe 在应用传入的函数之前会检查 null 和 undefined。这是一种对错误处理的强大抽象！讲得具体些，请看如代码清单 8-8 所示的例子：

代码清单 8-8 创建第一个 MayBe

```
MayBe.of("string").map((x) => x.toUpperCase())
```

这将返回：

```
MayBe { value: 'STRING' }
```

最重要和有趣的地方是：

```
(x) => x.toUpperCase()
```

此处不关心 x 是否为 null 或 undefined，它已经被 MayBe 函子抽象出来了！如果 string 的值为 null 会如何？比如下面的代码：

```
MayBe.of(null).map((x) => x.toUpperCase())
```

我们将得到：

```
MayBe { value: null }
```

代码没有在 null 或 undefined 值下崩溃，因为我们已经把值封装到一个安全容器 MayBe 中！我们在用一种声明式的方式处理 null 值。

注意

在 MayBe.of(null)的例子中，如果调用 map 函数，从实现中我们知道 map 首先会通过调用 isNothing 检查值是否为 null 或 undefined:

```
// map 的实现
MayBe.prototype.map = function(fn) {
  return this.isNothing() ? MayBe.of(null) : MayBe.of(fn(this.value));
};
```

如果 isNothing 返回 true，就返回 MayBe.of(null)，而不是调用传入的函数！

在普通的命令式方法中，我们可能会这样写：

```
let value = "string"
if(value != null || value != undefined)
        return value.toUpperCase();
```

上面的代码做了同样的事情，但是看看检查 value 是否为 null 或 undefined 所需的步骤，即使对于一个单一的调用也需如此！而通过 MayBe 我们不必关心这些暗藏的变量就能得到结果值！记住，我们可以链式调用 map 函数，如代码清单 8-9 所示。

代码清单 8-9 使用 map 链式调用

```
MayBe.of("George")
     .map((x) => x.toUpperCase())
     .map((x) => "Mr. " + x)
```

返回结果：

```
MayBe { value: 'Mr. GEORGE' }
```

这段代码看上去令人很舒服！在结束本节前，我们需要讨论两个 MayBe 的重要属性。

第一点，即使给 map 传入返回 null 或 undefined 的函数，MayBe 也可以处理！换言之，在整个 map 的链式调用中，如果一个函数返回了 null 或 undefined，是没有问题的。为了描述该问题，下面看最后一个例子：

```
MayBe.of("George")
     .map(() => undefined)
     .map((x) => "Mr. " + x)
```

注意，第二个 map 函数返回了 undefined，而运行上面的代码将会得到如下结果：

```
MayBe { value: null }
```

这符合预期！

第二点，所有的 map 函数都会被调用，无论它是否接收到 null 或 undefined。仍以代码清单 8-9 为例：

```
MayBe.of("George")
```

```
    .map(() => undefined)
    .map((x) => "Mr. " + x)
```

这里的重点是，即使第一个 map 函数返回了 undefined：

```
map(() => undefined)
```

第二个 map 仍然会被调用(也就是说，任何层级的链式 map 都会被调用)，它也会返回 undefined(因为前一个 map 返回了 undefined/null)，而不应用传入的函数！该过程将持续到链条中的最后一个 map 函数被调用。

8.2.3 真实用例

既然 MayBe 是一个可以持有任何值的容器，那么它也可以持有数组。假设你编写了一个 API 去获取社交新闻网站 Reddit 子版块的 Top10 数据，如 top、new 或 hot。见代码清单 8-10。

代码清单 8-10 获取 Reddit 子版块的 Top10 帖子

```
let getTopTenSubRedditPosts = (type) => {
    let response
    try{
       response = JSON.parse(request('GET',"https://www.reddit.com/r/
       subreddits/" + type + ".json?limit=10").getBody('utf8'))
    }catch(err) {
       response = { message: "Something went wrong" , errorCode:
err['statusCode'] }
    }
    return response
}
```

---

request 来自包 sync-request。它可以发起一个请求并同步地获得响应。上面的代码只是为了说明问题，不建议在生产环境中使用同步调用。

---

getTopTenSubRedditPosts 函数访问了 URL 并获得了响应。如果在访问 reddit API 时发生了问题，它会返回如下格式的响应：

```
. . .
response = { message: "Something went wrong" , errorCode: err['statusCode']
}
. . .
```

如果如此调用 API：

```
getTopTenSubRedditPosts('new')
```

我们将得到如下格式的响应：

```
{"kind": "Listing", "data": {"modhash": "", "children": [], "after": null,
"before": null}}
```

其中 children 属性含有一个 JSON 对象的数组，如下所示：

```
"{
  "kind": "Listing",
  "data": {
    "modhash": "",
    "children": [
      {
        "kind": "t3",
        "data": {
          . . .
          "url": "https://twitter.com/malyw/status/780453672153124864",
          "title": "ES7 async/await landed in Chrome",
          . . .
        }
      }
    ],
    "after": "t3_54lnrd",
    "before": null
  }
}"
```

我们需要从响应中获取包含 url 和 title 的 JSON 对象数组。记住，如果向 getTopTenSubRedditPosts 传入一个无效的子版块，比如 test，它将返回一个不包含 data 或 children 属性的错误响应。

我们可以用 MayBe 实现此逻辑，如代码清单 8-11 所示。

代码清单 8-11　使用 MayBe 获取 Reddit 子版块的 Top10 帖子

```
// 导入类库的 arrayUtils 对象
import {arrayUtils} from '../lib/es6-functional.js'

let getTopTenSubRedditData = (type) => {
    let response = getTopTenSubRedditPosts(type);
    return MayBe.of(response).map((arr) => arr['data'])
```

```
                    .map((arr) => arr['children'])
                    .map((arr) => arrayUtils.map(arr,
                      (x) => {
                           return {
                               title : x['data'].
                                 title,
                               url : x['data'].url
                           }
                      }
                   ))
}
```

下面分析一下 getTopTenSubRedditData 的运行机制。首先，我们使用 MayBe.of(response)把 reddit API 调用的结果封装到 MayBe 的上下文中。然后，使用 MayBe 的 map 方法运行一个函数序列：

```
. . .
.map((arr) => arr['data'])
.map((arr) => arr['children'])
. . .
```

这将从如下的响应结构中返回 children 数组对象：

```
{"kind": "Listing", "data": {"modhash": "", "children": [ . . . .], "after":
null, "before": null}}
```

在最后一个 map 中，我们使用 arrayUtils 的 map 遍历 children 属性并按需只返回了 title 和 url：

```
. . .
.map((arr) =>
        arrayUtils.map(arr,
    (x) => {
        return {
            title : x['data'].title,
            url : x['data'].url
        }
    }
. . .
```

如果用一个有效的 reddit 名称调用该函数，比如 new：

```
getTopTenSubRedditData('new')
```

将得到响应：

```
MayBe {
  value:
   [ { title: '/r/UpliftingKhabre - The subreddit for uplifting and positive
   stories from India!',
       url: 'https://www.reddit.com/r/upliftingkhabre' },
     { title: '/R/JerkOffToCelebs - The Best Place To Jerk Off To Your Fave
     Celebs',
       url: 'https://www.reddit.com/r/JerkOffToCelebs' },
     { title: 'Angel Vivaldi channel',
       url: 'https://qa1web-portal.immerss.com/angel-vivaldi/
         angel-vivaldi' },
     { title: 'r/SuckingCock - Come check us out for INSANE Blowjobs!
     (NSFW)',
       url: 'https://www.reddit.com/r/suckingcock/' },
     { title: 'r/Just_Tits - Come check us out for GREAT BIG TITS! (NSFW)',
       url: 'https://www.reddit.com/r/just_tits/' },
     { title: 'r/Just_Tits - Come check us out for GREAT BIG TITS! (NSFW)',
       url: 'https://www.reddit.com/r/just_tits/' },
     { title: 'How to Get Verified Facebook',
       url: 'http://imgur.com/VffRnGb' },
     { title: '/r/TrollyChromosomes - A support group for those of us whose
     trollies or streetcars suffer from chronic genetic disorders',
       url: 'https://www.reddit.com/r/trollychromosomes' },
     { title: 'Yemek Tarifleri Eskimeyen Tadlarımız',
       url: 'http://otantiktad.com/' },
     { title: '/r/gettoknowyou is the ultimate socializing subreddit!',
       url: 'https://www.reddit.com/r/subreddits/comments/50wcju/
       rgettoknowyou_is_the_ultimate_socializing/' } ] }
```

上面的响应可能与读者得到的不同，因为响应会随时变更。

getTopTenSubRedditData 方法的妙处在于如何在逻辑流中处理可能引发 null 或 undefined 错误的意外输入。如果有人用一个错误的 reddit 类型调用 getTopTenSubRedditData，会发生什么呢？它将从 reddit 返回如下的 JSON：

```
{ message: "Something went wrong" , errorCode: 404 }
```

也就是说，data 和 children 属性将为空！下面用错误的 reddit 类型尝试一下，看看它如何响应：

```
getTopTenSubRedditData('new')
```

这将返回：

```
MayBe { value: null }
```

不会抛出任何错误！尽管 map 函数尝试从响应中获取 data(在本例中没有出现)，但它返回了 MayBe.of(null)，因此，相应的 map 不会应用传入的函数，正如我们之前讨论的那样。

我们可以明显地感觉到，MayBe 能够轻松地处理所有 undefined 或 null 错误！getTopTenSubRedditData 看上去是如此的声明式！

这就是关于 MayBe 函子的全部知识。下一节将介绍另一个名为 Either 的函子。

8.3 Either 函子

本节将创建一个名为 Either 的新函子。它能够解决分支拓展问题(branching-out problem)。为了给出一个上下文，下面看上一节的例子(代码清单 8-9)：

```
MayBe.of("George")
     .map(() => undefined)
     .map((x) => "Mr. " + x)
```

上面的代码将返回如下结果：

```
MayBe {value: null}
```

与预期一致。但问题是，哪一个分支(也就是上面的两个 map 调用)在检查 undefined 或 null 值时执行失败了。我们不能通过 MayBe 轻易地回答该问题。唯一的方法是深入分析 MayBe 的分支并发现问题所在！这并不意味着 MayBe 存在缺陷，只是在某些情况下我们需要一个比 MayBe 更好的函子(大多数情况是你有很多个嵌套的 map)。此处就是 Either 发挥作用的地方。

8.3.1 实现 Either 函子

我们已经了解了 Either 要解决的问题，下面看它的实现，如代码清单 8-12 所示。

代码清单 8-12 Either 函子的部分定义

```
const Nothing = function(val) {
  this.value = val;
};

Nothing.of = function(val) {
  return new Nothing(val);
};

Nothing.prototype.map = function(f) {
  return this;
};

const Some = function(val) {
  this.value = val;
};

Some.of = function(val) {
  return new Some(val);
};

Some.prototype.map = function(fn) {
  return Some.of(fn(this.value));
}
```

实现包含两个函数，名为 Some 和 Nothing。可以看到，Some 是一个 Container 的副本，只不过换了一个名称。有趣的部分是 Nothing。它也是一个 Container，但其 map 不执行给定的函数，而只返回对象本身。

```
Nothing.prototype.map = function(f) {
  return this;
};
```

换言之，可以在 Some 上运行函数，而不能在 Nothing 上运行。

下面快速看一个例子：

```
Some.of("test").map((x) => x.toUpperCase())
=> Some {value: "TEST"}
```

```
Nothing.of("test").map((x) => x.toUpperCase())
=> Nothing {value: "test"}
```

如上面的代码所示，在 Some 上对 map 的调用执行了传入的函数。但是在 Nothing 中，它只返回了相同的值 test。下面将把两个对象封装到 Either 对象中，如代码清单 8-13 所示。

代码清单 8-13 Either 定义

```
const Either = {
  Some : Some,
  Nothing: Nothing
}
```

你可能想知道 Some 或 Nothing 的用途是什么。为了理解这一点，下面回顾一下 reddit 例子的 MayBe 版本。

8.3.2 reddit 例子的 Either 版本

reddit 例子的 MayBe 版本如代码清单 8-11 所示。

```
let getTopTenSubRedditData = (type) => {
    let response = getTopTenSubRedditPosts(type);
    return MayBe.of(response).map((arr) => arr['data'])
                             .map((arr) => arr['children'])
                             .map((arr) => arrayUtils.map(arr,
                                (x) => {
                                    return {
                                        title : x['data'].title,
                                        url : x['data'].url
                                    }
                                }
                             ))
}
```

传入一个错误的 reddit 类型，比如 unknown：

```
getTopTenSubRedditData('unknown')
=> MayBe {value : null}
```

我们获得了具有 null 值的 MayBe 对象。但不知道 null 被返回的原因！我们知道 getTopTenSubRedditData 使用 getTopTenSubRedditPosts 获

得响应。现在可以通过 Either 创建一个 getTopTenSubRedditPosts 的新版本，如代码清单 8-14 所示。

代码清单 8-14　使用 Either 获取 reddit 子版块的 Top10 帖子

```
let getTopTenSubRedditPostsEither = (type) => {

    let response
    try{
       response = Some.of(JSON.parse(request('GET',"https:
         //www.reddit.com/r/subreddits/" + type + ".json?limit=
           10").getBody('utf8')))
    }catch(err) {
       response = Nothing.of({ message: "Something went wrong" , errorCode:
       err['statusCode'] })
    }
    return response
}
```

注意，我们用 Some 封装了正确的响应，用 Nothing 封装了错误的响应！下面将 reddit API 修改为：

代码清单 8-15　使用 Either 获取 reddit 子版块的 Top10 帖子

```
let getTopTenSubRedditDataEither = (type) => {
    let response = getTopTenSubRedditPostsEither(type);
    return response.map((arr) => arr['data'])
                        .map((arr) => arr['children'])
                        .map((arr) => arrayUtils.map(arr,
                           (x) => {
                               return {
                                   title : x['data'].title,
                                   url : x['data'].url
                               }
                           }
                        ))
}
```

上面的代码实际上就是 MayBe 版本，只不过没有使用 MayBe，而使用了 Either。

下面用错误的 reddit 数据类型调用新的 API：

```
getTopTenSubRedditDataEither('new2')
```

这将返回：

```
Nothing { value: { message: 'Something went wrong', errorCode: 404 } }
```

这太绝妙了！我们用 Either 获得了分支失败的确切原因！如你猜测的那样，在错误的情况下(也就是未知的 reddit 类型)，getTopTenSubRedditPostsEither 返回了 Nothing。因此，getTopTenSubRedditDataEither 中的映射将永远不会执行，因为要处理的是 Nothing 类型！可以看到，Nothing 帮助我们保存了错误信息并阻断了函数的映射。

最后注意，我们可以用一个有效的 reddit 类型尝试该新版本：

```
getTopTenSubRedditDataEither('new')
```

它将在 Some 中返回预期的响应：

```
Some {
  value:
  [ { title: '/r/UpliftingKhabre - The subreddit for uplifting and positive
  stories from India!',
      url: 'https://www.reddit.com/r/upliftingkhabre' },
    { title: '/R/JerkOffToCelebs - The Best Place To Jerk Off To Your Fave
    Celebs',
      url: 'https://www.reddit.com/r/JerkOffToCelebs' },
    { title: 'Angel Vivaldi channel',
      url: 'https://qa1web-portal.immerss.com/angel-vivaldi/
        angel-vivaldi' },
    { title: 'r/SuckingCock - Come check us out for INSANE Blowjobs!
    (NSFW)',
      url: 'https://www.reddit.com/r/suckingcock/' },
    { title: 'r/Just_Tits - Come check us out for GREAT BIG TITS! (NSFW)',
      url: 'https://www.reddit.com/r/just_tits/' },
    { title: 'r/Just_Tits - Come check us out for GREAT BIG TITS! (NSFW)',
      url: 'https://www.reddit.com/r/just_tits/' },
    { title: 'How to Get Verified Facebook',
      url: 'http://imgur.com/VffRnGb' },
    { title: '/r/TrollyChromosomes - A support group for those of us whose
    trollies or streetcars suffer from chronic genetic disorders',
      url: 'https://www.reddit.com/r/trollychromosomes' },
    { title: 'Yemek Tarifleri Eskimeyen Tadlarımız',
      url: 'http://otantiktad.com/' },
    { title: '/r/gettoknowyou is the ultimate socializing subreddit!',
      url: 'https://www.reddit.com/r/subreddits/comments/50wcju/
      rgettoknowyou_is_the_ultimate_socializing/' } ] }
```

这就是 Either 的全部知识。

如果你有 Java 背景，可能会觉得 Either 与 Java 8 中的 Optional 很相似。实际上，Optional 就是一个函子！

8.4 Pointed 函子

在结束本章前，需要明确一点。本章的开始讲过，我们创建 of 方法只是为了在创建 Container 时不使用 new 关键字。我们也为 MayBe 和 Either 实现了该方法。要记得，函子只是一个实现了 map 契约的接口。Pointed 函子是一个函子的子集，它具有实现了 of 契约的接口。

因此，到目前为止我们设计的函子都可称为 Pointed 函子！这只是为了明确书中的术语！而了解函子或 Pointed 函子在实际中能够解决的问题才更重要。

ES6 增加了 Array.of，这使数组成为一个 Pointed 函子！

```
Array.of("You are a pointed functor ,too?")
```

8.5 小结

我们以一个提问开始本章：如何用函数式编程的方式处理异常。从创建一个简单的函子开始，我们定义了函子，即实现了 map 函数的容器。然后实现了一个名为 MayBe 的函子。它能够帮助我们避免麻烦的 null 或 undefined 检查。MayBe 允许我们用函数式和声明式的方式编写代码。接着我们看到，Either 能够帮助我们在拓展分支时保存错误信息。它是 Some 和 Nothing 的超类型。现在我们已经了解了函子的实战应用！

第 9 章

深入理解 Monad

> **注意**
>
> 本章的示例和类库源代码在 chap09 分支。仓库的 URL 是: https://github.com/antoaravinth/functional-es6.git。
>
> 检出代码时，请检出 chap09 分支:
>
> ```
> ...
> git checkout -b chap09 origin/chap09
> ...
> ```
>
> 为使代码运行起来，和以前一样，执行命令:
>
> ```
> ...
> npm run playground
> ...
> ```

在上一章中，我们了解了什么是函子以及其用途。本章将继续讨论函子。我们将学习一个名为 Monad 的新函子。不必害怕该术语：它的概念很简单。

我们将从一个问题开始：根据搜索词条获取并展示 Reddit 评论。最开始我们会使用函子来解决该问题，尤其是 MayBe 函子。但是在此过程中，将遇到一些 MayBe 函子的小问题。然后，我们将创建一个特别类型的函子 Monad。

9.1 根据搜索词条获取 Reddit 评论

从上一章开始，我们一直在使用 Reddit API。在本节中，我们还将通过它根据词条搜索帖子，并获取每个搜索结果的评论列表。我们将使用 MayBe 解决该问题。如上一章所见，MayBe 能使我们专注于问题本身，而不必关心麻烦的 null 或 undefined 值检查。

你可能想知道为什么不使用 Either 函子解决该问题，因为 MayBe 存在一些小缺陷，比如不能在拓展分支时捕获错误。的确如此，但选择 MayBe 的原因主要是保持事情简单。如你所见，我们也将为 Either 扩展同样的想法！

9.2 问题描述

在实现解决方案之前，下面看一下问题描述及其关联的 Reddit API 接口。该问题包含两个步骤：

(1) 为了搜索指定的帖子或评论，需要访问 Reddit API 接口：

```
https://www.reddit.com/search.json?q=<SEARCH_STRING>
```

并传入<SEARCH_STRING>。例如，如果搜索字符串 functional programming：

```
https://www.reddit.com/search.json?q=functional%20programming
```

我们将得到：

代码清单 9-1 Reddit 响应的结构

```
{ kind: 'Listing',
  data:
   { facets: {},
     modhash: '',
     children:
      [ [Object],
```

```
        [Object],
        [Object],
        [Object],
        [Object],
        [Object],
        . . .
        [Object],
        [Object] ],
     after: 't3_terth',
     before: null } }
```

每个 children 对象的结构如下：

```
{ kind: 't3',
  data:
   { contest_mode: false,
     banned_by: null,
domain: 'self.compsci',
. . .
downs: 0,
mod_reports: [],
archived: true,
media_embed: {},
is_self: true,
hide_score: false,
permalink: '/r/compsci/comments/3mecup/eli5_what_is_functional_
programming_and_how_is_it/?ref=search_posts',
locked: false,
stickied: false,
. . .
visited: false,
num_reports: null,
ups: 134 } }
```

这些对象指定了匹配搜索词条的结果。

(2) 一旦有了搜索结果，我们就需要获取每个搜索结果的评论。如何做到呢？前面提到过，每个 children 对象都是搜索结果。这些对象有一个 permalink 字段，如下所示：

```
permalink: '/r/compsci/comments/3mecup/eli5_what_is_functional_
programming_and_how_is_it/?ref=search_posts',
```

我们需要访问上面的 URL：

```
GET: https://www.reddit.com//r/compsci/comments/3mecup/eli5_what_is_
functional_programming_and_how_is_it/.json
```

它将返回如下所示的评论数组：

```
[Object,Object,..,Object]
```

每个 Object 都给出了关于评论的信息。

获得评论对象后，我们需要用 title 合并结果并返回一个新对象：

```
{
        title : Functional programming in plain English,
        comments : [Object,Object,..,Object]
}
```

此处的 title 就是从第一步中获取的标题。带着对该问题的理解，让我们来实现其逻辑。

9.2.1 实现第一步

下面逐步实现该解决方案。本节将实现其第一步，它涉及用搜索词条访问 Reddit API 接口。由于需要触发 HTTP GET 请求，我们将引入上一章使用的 sync-request 模块。

下面引入该模块并将其保存至一个变量，以备将来之需：

```
let request = require('sync-request');
```

现在可以使用 request 函数向 Reddit API 接口发起 HTTP GET 请求了。下面把搜索的步骤封装到一个名为 searchReddit 的函数中，如代码清单 9-2 所示。

代码清单 9-2 searchReddit 函数定义

```
let searchReddit = (search) => {
    let response
    try{
       response = JSON.parse(request('GET',"https://www.reddit.
         com/search.
       json?q=" + encodeURI(search)).getBody('utf8'))
    }catch(err) {
       response = { message: "Something went wrong" , errorCode:
       err['statusCode'] }
    }
    return response
}
```

下面逐步分析一下代码清单 9-2 的代码：

(1) 我们向此 URL 接口发起了搜索请求 https://www.reddit.com/search.json?q=，如下所示：

```
response = JSON.parse(request('GET',"https://www.reddit.com/
search.json?q=" + encodeURI(search)).getBody('utf8'))
```

注意，我们使用了 encodeURI 方法转义搜索字符串中的特殊字符。

(2) 一旦响应成功，我们就返回响应值。

(3) 如果发生了错误，我们将在 catch 块中捕获，并获取错误码，返回如下所示的错误响应：

```
. . .
catch(err) {
        response = { message: "Something went wrong" , errorCode:
        err['statusCode'] }
    }
. . .
```

下面测试一下该函数：

```
searchReddit("Functional Programming")
```

它将返回结果：

```
{ kind: 'Listing',
  data:
  { facets: {},
    modhash: '',
    children:
     [ [Object],
       [Object],
       [Object],
       [Object],
       [Object],
       [Object],
       [Object],
       [Object],
       . . .
    after: 't3_terth',
    before: null } }
```

很好！我们完成了第一步！下面实现第二步。

为了为每个 children 对象实现第二步，我们需要通过其 permalink 值获取评论列表。下面编写一个单独的方法用于获取给定 URL 的评论列表，我们称其为 getComments。它的实现很简单，如代码清单 9-3 所示。

代码清单 9-3 getComments 函数定义

```
let getComments = (link) => {
    let response
    try {
        response = JSON.parse(request('GET',"https://www.reddit.com/" +
        link).getBody('utf8'))
    } catch(err) {
        response = { message: "Something went wrong" , errorCode:
        err['statusCode'] }
    }

    return response
}
```

getComments 的实现与 searchReddit 非常相似。下面逐步分析一下它所做的事情：

(1) 它根据给定的 link 值触发 HTTP GET 请求。例如，如果 link 值为：

```
r/IAmA/comments/3wyb3m/we_are_the_team_working_on_react_native
ask_us/.json
```

getComments 将触发一个对如下 URL 的 HTTP GET 请求：

```
https://www.reddit.com/r/IAmA/comments/3wyb3m/we_
are_the_team_working_on_react_native_ask_us/.json
```

该请求将返回评论数组。与前面一样，我们在这里做了一些防御措施，在 catch 块中捕获了所有 getComments 方法中的错误，并最终返回了响应。

下面通过传递如下的 link 值快速测试一下 getComments：

```
r/IAmA/comments/3wyb3m/we_are_the_team_working_on_react_
  native_ask_us/.json

getComments('r/IAmA/comments/3wyb3m/we_are_the_team_working_on
_react_native_ask_us/.json')
```

上面的调用返回了：

```
[ { kind: 'Listing',
    data: { modhash: '', children: [Object], after: null, before: null } },
  { kind: 'Listing',
    data: { modhash: '', children: [Object], after: null, before: null } } ]
```

两个 API 已经准备完毕，该合并这些结果了。

9.2.2 合并 Reddit 调用

我们定义了 searchReddit 和 getComments(代码清单 9-2 和代码清单 9-3)，它们的任务和返回的响应见上一节。本节将编写一个高阶函数，它接受搜索文本并使用这两个函数完成目标。

我们称该函数为 mergeViaMayBe，其实现如代码清单 9-4 所示。

代码清单 9-4　mergeViaMayBe 函数定义

```
let mergeViaMayBe = (searchText) => {
    let redditMayBe = MayBe.of(searchReddit(searchText))
    let ans = redditMayBe
               .map((arr) => arr['data'])
               .map((arr) => arr['children'])
               .map((arr) => arrayUtils.map(arr,(x) => {
                        return {
                            title : x['data'].title,
                            permalink : x['data'].permalink
                        }
                    }
                ))
               .map((obj) => arrayUtils.map(obj, (x) => {
                    return {
                        title: x.title,
                       comments: MayBe.of(getComments(x.permalink.
                       replace("?ref=search_posts",".json")))
                    }
               }));
    return ans;
}
```

下面用搜索文本 functional programming 快速检验一下该函数：

```
mergeViaMayBe('functional programming')
```

上面的调用将给出结果：

```
MayBe {
  value:
   [ { title: 'ELI5: what is functional programming and how is it different
   from OOP',
       comments: [Object] },
     { title: 'ELI5 why functional programming seems to be "on the rise" and
     how it differs from OOP',
       comments: [Object] } ] }
```

为了更清楚些，上面减少了该调用结果的数量。默认的调用返回了25个结果，需要几页的篇幅才能展示。从此处开始，本书将展示最小限度的输出。请注意，源代码的例子执行调用并打印出全部25个结果。

非常好！下面详细地理解一下mergeViaMayBe函数所做的事情。

该函数首先用searchText值调用了searchReddit。调用结果被封装到MayBe中：

```
let redditMayBe = MayBe.of(searchReddit(searchText))
```

此步骤完成后，就可以对结果进行map链式调用了。

记住搜索词条(也就是searchReddit要调用的)，它将在下面的结构中返回结果：

```
{ kind: 'Listing',
  data:
   { facets: {},
     modhash: '',
     children:
      [ [Object],
        [Object],
        [Object],
        [Object],
        [Object],
        [Object],
        . . .
        [Object],
        [Object] ],
     after: 't3_terth',
     before: null } }
```

为了获取 permalink(在 children 对象中)，我们需要访问 data.children。代码如下：

```
redditMayBe
        .map((arr) => arr['data'])
        .map((arr) => arr['children'])
```

现在我们获得了 children 数组的句柄。记住，每个 children 元素都是如下结构的对象：

```
{ kind: 't3',
  data:
   { contest_mode: false,
     banned_by: null,
     domain: 'self.compsci',
     . . .
     permalink: '/r/compsci/comments/3mecup/eli5_what_is_functional_
     programming_and_how_is_it/?ref=search_posts',
     locked: false,
     stickied: false,
     . . .
     visited: false,
     num_reports: null,
     ups: 134 } }
```

我们只需要从中获取 title 和 permalink。由于 children 是一个数组，下面对其应用 Array 的 map 函数：

```
.map((arr) => arrayUtils.map(arr,(x) => {
        return {
            title : x['data'].title,
            permalink : x['data'].permalink
        }
    }
))
```

现在我们获得了 title 和 permalink，最后一步便是把 permalink 传给 getComments 函数，该函数将根据传入的值获取评论列表。如下面的代码所示：

```
.map((obj) => arrayUtils.map(obj, (x) => {
        return {
            title: x.title,
```

```
            comments: MayBe.of(getComments(x.permalink.
              replace("?ref=search_posts",".json")))
          }
}));
```

由于 getComments 的调用可能得到一个错误值，我们将其封装在 MayBe 内部：

```
. . .
        comments: MayBe.of(getComments(x.permalink.replace("?ref=search_
        posts",".json")))
. . .
```

注意

我们将 permalink 中的?ref=search_posts 替换为.json，因为以?ref=search_posts 结尾搜索结果，不是 getComments API 调用所需的正确格式。

到此结束！

整个过程中我们没有脱离使用 MayBe。我们在它之上运行所有的 map 函数，不必担心会产生问题！并且通过它优雅地解决了问题，不是吗？而以这种方式使用 MayBe 函子还存在一个小问题。让我们在下一节中讨论。

9.2.3 多个 map 的问题

如果计算一下在 mergeViaMayBe 函数中 MayBe 之上的 map 调用次数，一共有 4 次！你可能在想这有什么关系？谁会关心 map 调用的次数呢？

让我们尝试理解一下 mergeViaMayBe 中的多次 map 链式调用带来的问题。假设我们想获取从 mergeViaMayBe 返回的一个 comments 数组。

向 mergeViaMayBe 函数传入搜索文本 functional programming：

```
let answer = mergeViaMayBe("functional programming")
```

调用 answer 后得到：

```
MayBe {
```

```
value:
   [ { title: 'ELI5: what is functional programming and how is it different
  from OOP',
       comments: [Object] },
     { title: 'ELI5 why functional programming seems to be "on the rise" and
     how it differs from OOP',
       comments: [Object] } ] }
```

下面获取 comments 对象。由于返回值是 MayBe，我们就可以调用它的 map：

```
answer.map((result) => {
      //process result.
})
```

结果(值为 MayBe)是一个包含 title 和 comments 的数组，因此下面使用 Array 的 map：

```
answer.map((result) => {
    arrayUtils.map(result,(mergeResults) => {
         //mergeResults
    })
})
```

每个 mergeResults 是一个对象，包含 title 和 comments。记住，comments 也是一个 MayBe！因此为了得到 comments，我们需要调用 map：

```
answer.map((result) => {
    arrayUtils.map(result,(mergeResults) => {
        mergeResults.comments.map(comment => {
            // 终于得到了 comment 对象！
        })
    })
})
```

看上去为了获取 comments 列表需要做更多的工作！假设某人使用 mergeViaMayBe API 去获取 comments 列表。他们真的会对嵌套的 map 恼火。能改进一下 mergeViaMayBe 吗？当然可以——下面介绍 Monda！

9.3 通过 join 解决问题

在上几节中，为了获得期望的结果我们不得不深入到 MayBe 内部！编写这样的 API 显然不会帮助我们，反而会惹怒其他使用它的开发者！为了解决深层嵌套的问题，下面为 MayBe 函子添加一个 join 方法。

9.3.1 实现 join

下面实现 join 函数。它很简单，如代码清单 9-5 所示。

代码清单 9-5 join 函数定义

```
MayBe.prototype.join = function() {
  return this.isNothing() ? MayBe.of(null) : this.value;
}
```

它简单地返回了容器内部的值(如果该值存在)，否则返回 MayBe.of(null)。join 虽然简单，但却能帮助我们打开嵌套的 MayBe：

```
let joinExample = MayBe.of(MayBe.of(5))

=> MayBe { value: MayBe { value: 5 } }

joinExample.join()
=> MayBe { value: 5 }
```

如上面的例子所示，它将嵌套的结构展开为一个单一层级！假设我们想把 joinExample MayBe 中的 value 加 4。下面试一试：

```
joinExample.map((outsideMayBe) => {
    return outsideMayBe.map((value) => value + 4)
})
```

上面的代码返回：

```
MayBe { value: MayBe { value: 9 } }
```

即使值是正确的，我们仍然通过两次 map 来得到结果。最终结果同样在一个嵌套的结构中！下面通过 join 来实现：

```
joinExample.join().map((v) => v + 4)

=> MayBe { value: 9 }
```

上面的代码很优雅！对 join 的调用返回了内部的 MayBe，它含有值 5。有了该值后，我们运行 map 并为其加 4。返回值是一个扁平的结构 MayBe { value: 9 }。

下面使用 join 把 mergeViaMayBe 返回的嵌套结构扁平化，如代码清单 9-6 所示：

代码清单 9-6　使用 join 的 mergeViaMayBe

```
let mergeViaJoin = (searchText) => {
    let redditMayBe = MayBe.of(searchReddit(searchText))
    let ans = redditMayBe.map((arr) => arr['data'])
                .map((arr) => arr['children'])
                .map((arr) => arrayUtils.map(arr,(x) => {
                        return {
                            title : x['data'].title,
                            permalink : x['data'].permalink
                        }
                    }
                 ))
                .map((obj) => arrayUtils.map(obj, (x) => {
                      return {
                          title: x.title,
                         comments: MayBe.of(getComments(x.permalink.
                         replace("?ref=search_posts",".json"))).join()
                      }
                }))
                .join()
    return ans;
}
```

如你所见，我们只在代码中添加了两个 join。一个在 comments 片段，此处我们创建了一个嵌套的 MayBe；另一个在所有的 map 操作之后。

下面用 mergeViaJoin 实现同样的逻辑，即从结果中获取评论数组。首先，看看 mergeViaJoin 返回的响应：

```
mergeViaJoin("functional programming")
```

该调用将返回：

```
[ { title: 'ELI5: what is functional programming and how is it different
```

```
from OOP',
    comments: [ [Object], [Object] ] },
  { title: 'ELI5 why functional programming seems to be "on the rise" and
  how it differs from OOP',
    comments: [ [Object], [Object] ] } ]
```

将上面的结果与旧的 mergeViaMayBe 相比：

```
MayBe {
  value:
   [ { title: 'ELI5: what is functional programming and how is it different
   from OOP',
       comments: [Object] },
     { title: 'ELI5 why functional programming seems to be "on the rise" and
     how it differs from OOP',
       comments: [Object] } ] }
```

如你所见，join 将 MayBe 的值取出并放了回去。下面看看如何把 comments 数组用于任务处理。由于 mergeViaJoin 返回的值是一个数组，我们就可以对其应用 Array 的 map：

```
arrayUtils.map(result, mergeResult => {
    //mergeResult
})
```

现在每个 mergeResult 变量直接指向了含有 title 和 comments 的对象。注意，我们已经在 MayBe 调用 getComments 后调用了 join，因此 comments 就是一个简单的数组！从遍历中获取 comments 列表，只需要调用 mergeResult.comments：

```
arrayUtils.map(result,mergeResult => {
    // mergeResult.comments 含有 comments 数组!
})
```

该方法看上去很不错，因为我们获得了 MayBe 的全部好处，也获得了一个良好的易于处理的数据结构！

9.3.2 实现 chain

看一下代码清单 9-6。你会发现，我们总是要在 map 后调用 join。下面把该逻辑封装到一个名为 chain 的方法中。见代码清单 9-7。

代码清单 9-7　chain 函数定义

```
MayBe.prototype.chain = function(f){
  return this.map(f).join()
}
```

通过 chain，合并函数的逻辑可以修改为：

代码清单 9-8　使用 chain 的 mergeViaMayBe

```
let mergeViaChain = (searchText) => {
    let redditMayBe = MayBe.of(searchReddit(searchText))
    let ans = redditMayBe.map((arr) => arr['data'])
                .map((arr) => arr['children'])
                .map((arr) => arrayUtils.map(arr,(x) => {
                        return {
                            title : x['data'].title,
                            permalink : x['data'].permalink
                        }
                    }
                ))
               .chain((obj) => arrayUtils.map(obj, (x) => {
                    return {
                        title: x.title,
                        comments: MayBe.of(getComments(x.permalink.
                        replace("?ref=search_posts",".json"))).join()
                    }
               }))
  return ans;
}
```

通过 chain 的输出是完全一样的！不妨试试上面的函数！实际上，我们可以通过 chain 把计算评论数量的逻辑引入到原来的位置。见代码清单 9-9。

代码清单 9-9　改进 mergeViaChain

```
let mergeViaChain = (searchText) => {
    let redditMayBe = MayBe.of(searchReddit(searchText))
    let ans = redditMayBe.map((arr) => arr['data'])
               .map((arr) => arr['children'])
               .map((arr) => arrayUtils.map(arr,(x) => {
                        return {
                            title : x['data'].title,
                            permalink : x['data'].permalink
```

```
                            }
                        }
                ))
                .chain((obj) => arrayUtils.map(obj, (x) => {
                    return {
                        title: x.title,
                        comments: MayBe.of(getComments(x.permalink.
                        replace("?ref=search_posts",".json"))).
                          chain(x => {
                              return x.length
                        })
                    }
                }))
    return ans;
}
```

调用上面的代码：

```
mergeViaChain("functional programming")
```

将返回如下结果：

```
[ { title: 'ELI5: what is functional programming and how is it different
from OOP',
    comments: 2 },
  { title: 'ELI5 why functional programming seems to be "on the rise" and
  how it differs from OOP',
    comments: 2 } ]
```

大功告成！该解决方案看上去很优雅！但是我们还没有看到一个Monad，不是吗？

什么是 Monad

你可能想知道为什么本章开始时承诺教给你 Monad！而直到现在我们还没有定义什么是 Monad。抱歉我还没有给出其定义，但是你已经在实战中见过它了。

Monad 就是一个含有 chain 方法的函子！这就是 Monad。如你所见，我们通过添加一个 chain 方法(当然也是 join 方法)扩展了 MayBe 函子，使其成为一个 Monad！

我们从一个函子的例子开始，解决一个持续存在的问题，并用一个不了解其用法的 Monad 解决了该问题！这是我有意为之，因为我想看到 Monad 背后的原理(它用函子解决的问题)！我可以从一个简单的 Monad 定义开始，但是直接讲什么是 Monad 并不能说明为什么要使用它！

你可能会感到困惑：MayBe 是一个 Monad 还是一个函子！不要混淆：只有 of 和 map 的 MayBe 是一个函子。含有 chain 的函子是一个 Monad！

9.4 小结

在本章中，我们了解了一个新的函子类型，它称为 Monad。讨论了重复的 map 调用会导致嵌套值的问题，这在以后会变得很难处理！我们介绍了一个名为 chain 的新函数，它有助于扁平化 MayBe 数据。我们了解到含有 chain 的 Pointed 函子被称为一个 Monad 函子。本章使用了一个第三方类库创建 Ajax 调用。在下一章中，我们将了解一种看待异步调用的全新方式。

第 10 章

使用 Generator

注意

本章的示例和类库源代码在chap10分支。仓库的URL是: https://github.com/antoaravinth/functional-es6.git。

检出代码时，请检出 chap10 分支:

```
...
git checkout -b chap10 origin/chap10
...
```

为使代码运行起来，和以前一样，执行命令:

```
...
npm run playground
...
```

我们从一个简单的函数定义开始本书。然后不断地学习如何通过函数式编程技术使用函数做一些了不起的事情。我们了解了如何以纯函数式的方式处理数组、对象和错误。这是一个漫长的旅程。但是我们还未谈及另一个每位 JavaScript 开发者都应该了解的重要技术——异步编程。

你已经在项目中处理了很多异步代码。或许你想知道，函数式编程能否帮助开发者编写异步代码呢？答案不置可否。我将在此处展示的技术使用了 ES6 **Generator**。它是 ES6 中关于函数的新规范。Generator 不是一种函数式编程技术，但它是函数的一部分(函数式编程不正是围绕函数的技术吗？)。因此，我们在这本介绍函数式编程的书中专门为它设立了此章！

即使你是 Promise 的粉丝(一种解决回调问题的技术)，我仍然建议你学习本章。我打赌，你将会喜欢上 Generator 及其解决异步代码问题的方式！

10.1 异步代码及其问题

在介绍 Generator 前，本节将讨论在 JavaScript 中处理异步代码的问题。下面介绍回调地狱(Callback Hell)问题。如果你已经了解了它，可以移步下一节。其他人请继续阅读。

回调地狱

假设你有一个如代码清单 10-1 所示的函数：

代码清单 10-1 同步函数

```
let sync = () => {
        // 一些操作
        // 返回数据
}

let sync2 = () => {
        // 一些操作
        // 返回数据
}

let sync3 = () => {
        // 一些操作
        // 返回数据

}
```

上面的函数 sync、sync2 和 sync3 同步地做了一些操作并返回结果。可以用如下方式调用这些函数：

```
result = sync()
result2 = sync2()
result3 = sync3()
```

如果操作是异步的，情况会如何呢？下面看一下实例，见代码清单 10-2。

代码清单 10-2　异步函数

```
let async = (fn) => {
        // 一些异步操作
        // 用异步操作调用回调
        /* 结果数据 */
}

let async2 = (fn) => {
        // 一些异步操作
        // 用异步操作调用回调
        fn(/* 结果数据 */)
}

let async3 = (fn) => {
        // 一些异步操作
        // 用异步操作调用回调
        fn(/* 结果数据 */)
}
```

同步与异步

同步的含义是函数在执行时会阻塞调用者，并在执行完毕后返回结果。

异步的含义是函数在执行时不会阻塞调用者，但是一旦执行完毕就会返回结果。

我们在项目中处理 Ajax 请求时就是在处理异步调用。

如果有人想马上处理这些函数，如何做呢？唯一的方法是：

代码清单 10-3　异步函数调用示例

```
async(function(x){
    async2(function(y){
        async3(function(z){
            ...
        });
    });
});
```

你可以看到上面的代码(代码清单 10-3)，我们向 async 函数传入了太多的回调函数！这一小段代码说明了什么是回调地狱！它使程序变得难于理解。处理错误以及从回调中冒泡错误会很棘手，并且总是容易出错。

在 ES6 到来之前，JavaScript 开发者使用 Promise 解决上面的问题。Promises 是很好的解决方案，但事实上 ES6 已经在语言层面上支持了 Generator，我们不再需要 Promise 了！

10.2 Generator 基础

如前面提到的，Generator 是 ES6 规范的一部分，被捆绑在语言层面。我们讨论过使用它来处理异步代码。但在那之前，我们将介绍它的基础知识。本节将专注于说明 Generator 背后的核心概念。学习了这些基础后，我们将用 Generator 在类库中创建一个处理异步代码的通用函数。这就是本章的计划。下面开始吧。

10.2.1 创建 Generator

首先让我们看看如何创建 Generator。它是具有特殊语法的函数。一个简单的 Generator 如代码清单 10-4 所示。

代码清单 10-4 第一个简单的 Generator

```
function* gen() {
    return 'first generator';
}
```

上面的函数 gen 就是一个 Generator。你可能注意到，我们在函数名称(即 gen)前使用了一个星号用来表示这是一个 Generator 函数！下面看看如何调用一个 Generator：

```
let generatorResult = gen()
```

generatorResult 的结果是什么？它会是字符串 first generator 吗？让

我们在控制台中检查一下：

```
console.log(generatorResult)
```

结果是：

```
gen {[[GeneratorStatus]]: "suspended", [[GeneratorReceiver]]: Window}
```

上面的结果说明了 generatorResult 不是一个普通的函数，而是一个 Generator 原始类型的实例！所以问题变成：如何从该 Generator 实例中获取值？答案是调用该实例的 next 函数。因此，为了获取值需要调用：

```
generator.next()
```

上面的代码返回了：

```
Object {value: "hello world", done: true}
```

如你所见，从 next 返回的对象含有 value 属性并且状态为 done。因此，需要调用 next 从该对象中获取值：

```
generator.next().value
=> 'first generator'
```

10.2.2　Generator 的注意事项

上面的例子说明了如何创建 Generator 及其实例，以及如何从中取值。但当我们使用 Generator 时，还有一些重要的事情需要关注。

第一点是不能无限制地调用 next 从 Generator 中取值。为了明确这一点，下面尝试从第一个 Generator 中取值(定义见代码清单 10-4)。

```
let generatorResult = gen()

// 第一次调用
generatorResult.next().value
=> 'first generator'

// 第二次调用
generatorResult.next().value
=> undefined
```

从上面的代码中可以看出，第二次调用 next 返回了 undefined，而不是返回 first generator。原因是 Generator 如同序列：一旦序列中的值被消费，你就不能再次消费它。在该例子中，generatorResult 是一个带有 first generator 值的序列。第一次调用 next 后，我们(作为 Generator 的调用者)就已经从序列中消费了该值。由于序列已为空，第二次调用它就会返回 undefined！

为了能够再次消费该序列，需要创建另一个 Generator 实例：

```
let generatorResult = gen()
let generatorResult2 = gen()

// 第一个序列
generatorResult.next().value
=> 'first generator'

// 第二个序列
generatorResult2.next().value
=> 'first generator'
```

上面的代码也说明了不同的 Generator 实例可处于不同的状态。此处的关键是每个 Generator 的状态依赖于如何调用它的 next 函数。

10.2.3 yield 关键字

在 Generator 函数中有一个新的关键字，称为 yield。在本节中，我们将了解如何在 Generator 函数中使用 yield。

从代码清单 10-5 所示的代码开始：

代码清单 10-5 简单的 Generator 序列

```
function* generatorSequence() {
    yield 'first';
    yield 'second';
    yield 'third';
}
```

通常可以为上面的代码创建一个 Generator 实例：

```
let generatorSequence = generatorSequence();
```

现在，如果第一次调用 next，我们将得到 first：

```
generatorSequence.next().value
=> first
```

再次调用 next 会发生什么呢？我们会得到 first？second？third？还是 Error？让我们找到答案：

```
generatorSequence.next().value
=> second
```

我们得到了 second，该结果是如何获得的？yield 使 Generator 函数暂停了执行并将结果返回给调用者。因此，当第一次调用 generatorSequence 时，函数看到了 yield 后面的值是 first，yield 将函数置于暂停模式并返回了该值(而且它还准确地记住了暂停的位置)。当下一次调用 generatorSequence 时(使用相同的实例变量)，Generator 函数将从它中断的地方恢复执行。由于它第一次暂停在此行：

```
yield 'first';
```

因此当第二次调用它时(使用相同的实例变量)，我们得到值 second。第三次调用它会发生什么呢？是的，我们将得到值 third！

图 10-1 会说明得更清楚些：

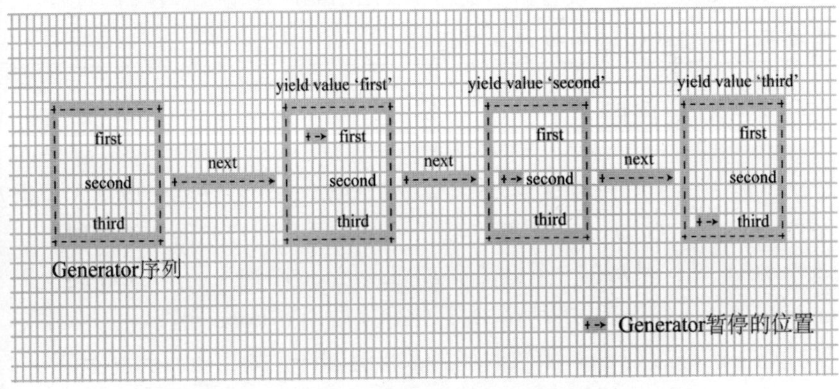

图 10-1　代码清单 10-5 中 Generator 的可视化视图

该序列可以通过代码清单 10-6 所示的代码说明。

代码清单 10-6 调用 Generator 序列

```
// 获取 Generator 实例变量
let generatorSequenceResult = generatorSequence();

console.log('First time sequence value',generatorSequenceResult.next().
value)
console.log('Second time sequence value',generatorSequenceResult.next().
value)
console.log('thrid time sequence value',generatorSequenceResult.next().
value)
```

控制台将会输出：

```
First time sequence value first
Second time sequence value second
third time sequence value third
```

通过上面的分析你就能够理解为什么称 Generator 为值的序列！还有一点需要注意，所有带有 yield 的 Generator 都会以惰性求值的顺序执行。

惰性求值

什么是惰性求值？简言之，它的含义是代码直到调用时才会执行。generatorSequence 函数的例子说明了 Generator 是惰性求值的。当我们需要时，相应的值才会被计算并返回。

10.2.4 done 属性

我们了解了如何通过 yield 关键字让 Generator 惰性地生成一个值的序列。但一个 Generator 能够生成多个序列值，用户如何知道何时停止调用 next 呢？因为在一个已消费的 Generator 序列上调用 next 将返回 undefined。如何处理这种情况呢？此处就要用到 done 属性。

记住，每次对 next 函数的调用都将返回一个如下所示的对象：

```
{value: 'value', done: false}
```

我们知道 value 是来自 Generator 的值。那么 done 呢？它是一个判断 Generator 序列是否已被完全消费的属性。

此处借用上一节的代码(代码清单 10-6)，打印 next 调用返回的对象。

见代码清单 10-7。

代码清单 10-7　用于理解 done 属性的代码

```
// 获取 Generator 实例变量
let generatorSequenceResult = generatorSequence();

console.log('done value for the first
time',generatorSequenceResult.next())
console.log('done value for the second
time',generatorSequenceResult.next())
console.log('done value for the third
time',generatorSequenceResult.next())
```

运行上面的代码，将打印出：

```
done value for the first time { value: 'first', done: false }
done value for the second time { value: 'second', done: false }
done value for the third time { value: 'third', done: false }
```

如你所见，我们消费了 Generator 序列中所有的值，因此再次调用 next 将返回下面的对象：

```
console.log(generatorSequenceResult.next())
=> { value: undefined, done: true }
```

done 属性清楚地告诉我们 Generator 序列已被完全消费了！当 done 为 true 时就应该停止调用 Generator 实例的 next！更加可视化的说明如图 10-2 所示。

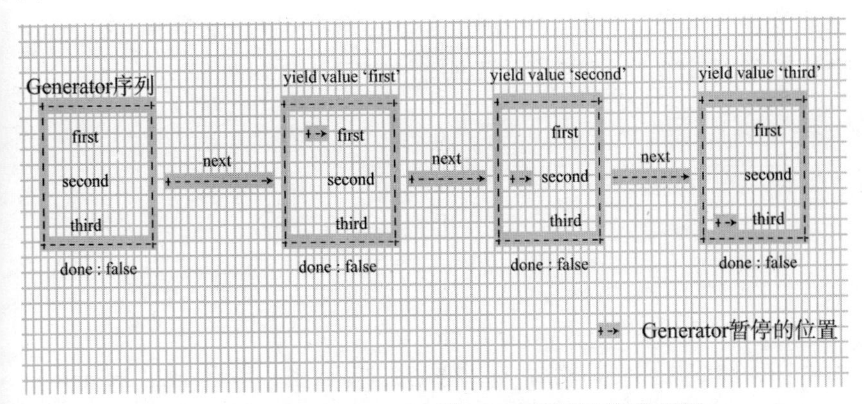

图 10-2　generatorSequence 的 done 属性的可视化视图

由于 Generator 已经成为 ES6 的核心组成部分，下面的 for 循环用于遍历 Generator(毕竟它是一个序列)：

```
for(let value of generatorSequence())
        console.log("for of value of generatorSequence is",value)
```

上面的代码将打印出：

```
for of value of generatorSequence is first
for of value of generatorSequence is second
for of value of generatorSequence is third
```

显然，它利用了 Generator 的 done 属性进行遍历！

10.2.5 向 Generator 传递数据

本节讨论如何向 Generator 传递数据。这种做法起初可能会令人不解，但是在本章中你将看到，它能够简化异步编程！

下面看代码清单 10-8。

代码清单 10-8 向 Generator 传递数据的例子

```
function* sayFullName() {
    var firstName = yield;
    var secondName = yield;
    console.log(firstName + secondName);
}
```

这段代码可能不会给你带来惊喜。我们就用它来说明向 Generator 传递数据的思想。一如既往，先创建一个 Generator 实例：

```
let fullName = sayFullName()
```

然后调用它的 next：

```
fullName.next()
fullName.next('anto')
fullName.next('aravinth')
=> anto aravinth
```

在上面的代码中，最后一次调用在控制台中打印出 anto aravinth！你可能对此结果不解，下面让我们慢慢地分析。当第一次调用 next 时：

```
fullName.next()
```

代码将返回并暂停于此行：

```
var firstName = yield;
```

由于我们没有通过 yield 发送任何值，因此 next 将返回 undefined。有趣的事情发生在第二次调用 next 时：

```
fullName.next('anto')
```

此处我们向 next 调用传入了值 anto！Generator 将从上一次暂停的状态中恢复，即这一行：

```
var firstName = yield;
```

由于我们向本次调用传入了值 anto，yield 将被 anto 替换，因此 firstName 的值变为 anto。在 firstName 被赋值后，执行将恢复(从上一次暂停的状态)，直到再次遇到 yield 并在此处暂停：

```
var secondName = yield;
```

第三次调用 next：

```
fullName.next('aravinth')
```

当此行代码执行后，Generator 将从暂停处恢复。上一次暂停的状态是：

```
var secondName = yield;
```

与前面一样，传入的 aravinth 将替换 yield 并赋值于 secondName。接着 Generator 恢复执行并遇到如下的语句：

```
console.log(firstName + secondName);
```

到此为止，firstName 的值为 anto，secondName 的值为 aravinth，因此控制将打印出 anto aravinth。

完整的过程如图 10-3 所示。

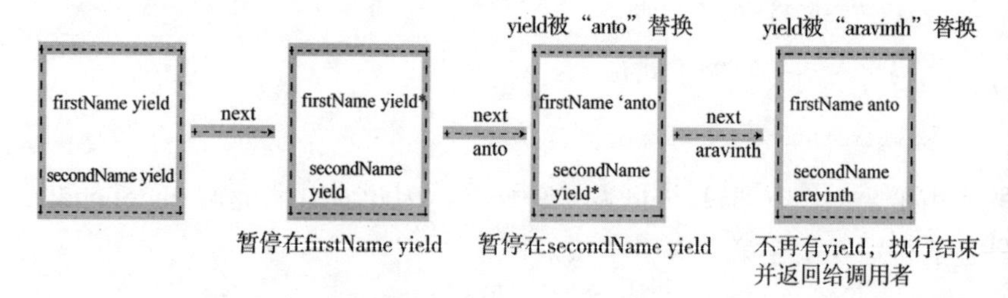

图 10-3　解释数据如何被传递给 sayFullName Generator

你可能想知道为什么我们需要该方法。原因是通过向 Generator 传递数据可以使其实现强大的功能。我们将在下一节中使用同样的技术处理异步调用！

10.3　使用 Generator 处理异步调用

本节将把 Generator 用于真实案例。我们将通过向 Generator 传递数据获得处理异步调用的强大能力。本节将会很有趣！

10.3.1　一个简单的案例

本节将了解如何通过 Generator 处理异步代码。由于我们最初的目的是通过 Generator 解决异步问题，因此本节会尽量保持简单。我们将用 setTimeout 调用模拟异步调用！

假设有两个函数(它们本质上是异步的)。见代码清单 10-9。

代码清单 10-9　简单的异步函数

```
let getDataOne = (cb) => {
        setTimeout(function(){
        // 调用回调
        cb('dummy data one')
    }, 1000);
}
let getDataTwo = (cb) => {
        setTimeout(function(){
        // 调用回调
```

```
        cb('dummy data two')
    }, 1000);
}
```

上面两个函数用 setTimeout 模仿了异步代码。一旦期望的时间过去，setTimeout 将用 dummy data one 和 dummy data two 分别调用传入的回调 cb。首先，在不使用 Generator 的情况下调用这两个函数：

```
getDataOne((data) => console.log("data received",data))
getDataTwo((data) => console.log("data received",data))
```

1000 毫秒后上面的代码将打印出：

```
data received dummy data one
data received dummy data two
```

你可能注意到，我们通过传入回调来获得响应。前面已经讨论过，回调地狱在异步代码中是多么糟糕。让我们用 Generator 的知识来解决该问题。下面将改造 getDataOne 和 getDataTwo 函数，使其使用 Generator 实例而不是回调来传送数据。

首先，将 getDataOne 函数(代码清单 10-9)改造为：

代码清单 10-10　改造 getDataOne 函数，使其使用 Generator

```
let generator;
let getDataOne = () => {
        setTimeout(function(){
        // 调用 Generator 并
        //通过 next 传递数据
        generator.next('dummy data one')
    }, 1000);
}
```

我们把含有回调的一行从：

```
. . .
cb('dummy data one')
. . .
```

修改为

```
generator.next('dummy data one')
```

这是一处简单的修改。注意，我们还移除了该例子不需要的 cb。下面对 getDataTwo(代码清单 10-9)做同样的改造：

代码清单 10-11　改造 getDataTwo，使其使用 Generator

```
let getDataTwo = () => {
      setTimeout(function(){
      // 调用 Generator 并
      通过 next 传递数据
      generator.next('dummy data two')
   }, 1000);
}
```

修改完成后，下面测试一下新的代码。我们把 getDataOne 和 getDataTwo 调用封装到一个单独的 Generator 函数中，见代码清单 10-12。

代码清单 10-12　main Generator 函数

```
function* main() {
    let dataOne = yield getDataOne();
    let dataTwo = yield getDataTwo();
    console.log("data one",dataOne)
    console.log("data two",dataTwo)
}
```

main 代码与上一节的 sayFullName 函数非常相似。下面为 main 创建一个 Generator 实例并触发 next 调用，看看会发生什么：

```
generator = main()
generator.next();
```

控制台中将打印出：

```
data one dummy data one
data two dummy data two
```

与期望的完全一致。main 代码看上去像在同步地调用 getDataOne 和 getDataTwo。但两个调用都是异步的。记住，这些调用永远不会阻塞代码并以异步的方式运行！下面分析一下整个过程是如何运行的。

首先，我们用之前声明的 generator 变量为 main 创建了一个 Generator 实例。记住，该 Generator 被 getDataOne 和 getDataTwo 同时用于向其调用传递数据，此过程马上会看到。创建实例后，我们用下面这行代码触发了整个过程：

```
generator.next()
```

它调用了 main 函数。main 函数开始执行，并遇到了第一个 yield：

```
. . .
let dataOne = yield getDataOne();
. . .
```

现在 Generator 进入了暂停模式，因为它遇到了一个 yield 语句。但是在进入暂停模式前，它调用了 getDataOne 函数。

此处重点注意，虽然 yield 使语句暂停了，但它不会让调用者等待(也就是说，调用者不会被阻塞)。讲得更具体些，请看下面的代码：

```
generator.next() //虽然 Generator 为异步代码暂停了

console.log("will be printed")
=> will be printed
=>Generator 的数据结果在此打印
```

上面的代码说明了即便 generator.next 使 Generator 函数等待 next 调用，调用者(调用 Generator 的代码)也不会被阻塞！从上面的代码可以看出，console.log 将会正常打印(说明 generator.next 不会阻塞执行)，一旦异步操作完成，我们就会从 Generator 中得到数据。

有趣的 getDataOne 函数在其内部有如下一行代码：

```
. . .
generator.next('dummy data one')
. . .
```

如上一节讨论的，通过传递参数调用 next 将恢复暂停的 yield！在本例中，此处也会发生同样的事情！记住，此行代码在 setTimeout 内部。因此，它将在 1000 毫秒后执行。就在那时，代码在这一行暂停了：

```
let dataOne = yield getDataOne();
```

还要重点注意，当此行暂停时，时间将会从 1000 倒数至 0。一旦到达 0，将会执行下面这行：

```
. . .
generator.next('dummy data one')
. . .
```

这将会向 yield 语句返回 dummy data one。因此，dataOne 变量变为 dummy data one：

```
// 1000 毫秒后 dataOne 变为'dummy data one'
let dataOne = yield getDataOne();
=> dataOne = `dummy data one`
```

此处的代码很有趣！一旦 dataOne 被设置为 dummy data one，代码将会继续执行到下一行：

```
. . .
let dataTwo = yield getDataTwo();
. . .
```

此行将以同样的方式运行!执行后,我们得到了 dataOne 和 dataTwo：

```
dataOne = dummy data one
dataTwo = dummy data two
```

main 函数的最后的语句将打印出：

```
. . .
    console.log("data one",dataOne)
    console.log("data two",dataTwo)
. . .
```

完整的过程如图 10-4 所示。

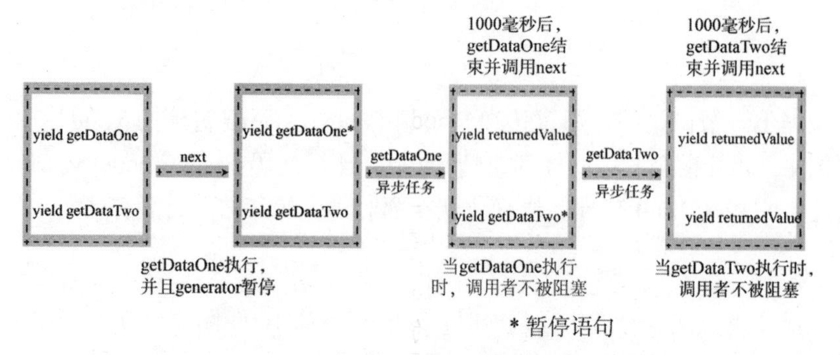

图 10-4　main generator 函数的内部运作机制

现在发起一个异步调用就和同步调用一样，但它是以异步的方式运行的！

10.3.2　一个真实的案例

在上一节中，我们介绍了如何通过 Generator 有效地处理异步代码。为了模仿异步工作流，我们使用了 setTimeout。在本节中，我们将使用一个函数触发一个真正的对 Reddit API 的 Ajax 调用，以展现 Generator 的真实能力！

下面创建一个名为 httpGetAsync 的函数来构造一个异步调用，见代码清单 10-13。

代码清单 10-13　httpGetAsync 函数定义

```
let https = require('https');
function httpGetAsync(url,callback) {

    return https.get(url,
        function(response) {
            var body = '';
            response.on('data', function(d) {
                body += d;
            });
            response.on('end', function() {
                let parsed = JSON.parse(body)
                callback(parsed)
            })
        }

    );
}
```

这是一个简单的函数，它通过 node 中的 https 模块触发了一个 Ajax 调用以获取响应。

此处我们不研究 httpGetAsync 函数运行的细节。我们努力解决的问题是如何转换 httpGetAsync 这类函数，它们以异步的方式运行，但却接受一个回调来处理从 Ajax 调用获取的响应。

下面通过传入一个 reddit URL 测试一下 httpGetAsync：

```
httpGetAsync('https://www.reddit.com/r/pics/.json',(data)=> {
        console.log(data)
})
```

它会向控制台中打印数据。URL:https://www.reddit.com/r/pics/.json 返回了 Reddit 图片页面的 json 列表。返回的 json 有一个 data 字段，其结构如下：

```
{ modhash: '',
  children:
   [ { kind: 't3', data: [Object] },
     { kind: 't3', data: [Object] },
     { kind: 't3', data: [Object] },
     . . .
     { kind: 't3', data: [Object] } ],
after: 't3_5bzyli',
before: null }
```

假设我们想获取 children 数组第一个元素的 URL，就需要访问 data.children[0].data.url。它给我们提供了如下的 URL：https://www.reddit.com/r/pics/comments/5bqai9/introducing_new_rpics_title_guidelines/。由于我们需要从该 URL 中获取 json 格式，就需要在 URL 后附加.json，因此它变为 https://www.reddit.com/r/pics/comments/5bqai9/introducing_new_rpics_title_guidelines/.json。

下面实践一下：

```
httpGetAsync('https://www.reddit.com/r/pics/.json',(picJson)=> {
    httpGetAsync(picJson.data.children[0].data.url+".
json",(firstPicRedditData) => {
        console.log(firstPicRedditData)
    })
})
```

上面的代码将打印出需要的数据。我们最不担心打印出的数据。但是我们为此代码结构担忧。正如本章开始看到的，这类代码会受到回调地狱的困扰。此处有两层回调，可能不会暴露出真正的问题。但是如果发展成4～5个嵌套的层级，会如何呢？你能够轻松地阅读这种代码吗？

显然不能。现在让我们研究如何通过 Generator 解决该问题！

下面把 httpGetAsync 封装到一个单独的方法 request 中，见代码清单 10-14。

代码清单 10-14　request 函数

```
function request(url) {
    httpGetAsync( url, function(response){
        generator.next( response );
    } );
}
```

我们用 generator 的 next 调用替换了回调，与上一节非常相似。下面把需求封装到一个 Generator 函数内部，我们仍称之为 main，见代码清单 10-15。

代码清单 10-15　main generator 函数

```
function *main() {
    let picturesJson = yield request( "https://www.reddit.com/r/pics/.json" );
    let firstPictureData = yield request(picturesJson.data.children[0].data.
    url+".json")
    console.log(firstPictureData)
}
```

上面的 main 函数与代码清单 10-12(只改变了方法调用细节)中定义的 main 函数非常相似。在代码中，我们在两个 request 调用前加了 yield 语句。如同 setTimeout 的例子，调用带有 yield 的 request 将暂停函数的执行，直到 request 通过接收 Ajax 的响应调用 generator 的 next！第一个 yield 将获得图片的 json 结构，第二个 yield 将获得第一张图片的数据！现在代码看上去像同步代码了，但实际上它是以异步方式运行的！

通过 Generator 我们也避免了回调地狱。现在代码看上去很整洁并清楚地表明了它所做的事情！这种方法真的很强大！

下面尝试运行它：

```
generator = main()
generator.next()
```

这将打印出需要的数据！我们已经清楚地了解了如何通过 Generator

将一个使用回调机制的函数转换为一个基于 Generator 的函数。随之而来，我们获得了处理异步操作的整洁代码。

10.4 小结

Ajax 调用已经被广泛使用。当处理 Ajax 调用时，我们需要传入一个回调来处理结果。回调有其局限性。过多的回调会引起回调地狱问题。本章介绍了一种新的 JavaScript 类型 Generator。它是可以通过 next 方法暂停和恢复执行的函数。所有的 Generator 实例都具有 next 方法。我们了解了如何通过 next 方法向 Generator 传递数据。向 Generator 传递数据的技术能够帮助我们解决异步代码的问题。我们介绍了如何通过 Generator 创建看似同步的异步代码，这对任何 JavaScript 开发者来说都是一项非常强大的技术！

附　录

如何在系统中安装 Node

1. 访问 https://nodejs.org/en/download/。
2. 选择操作系统并下载安装程序。
3. 运行安装程序。
4. 完成设置。

安装依赖

在 Node 中，我们通过 npm 安装依赖。npm 是安装的一部分。

运行如下命令来安装 babel：

```
npm install -g babel
```

运行如下命令来安装 babel-node：

```
npm install -g babel-cli
```

注意，-g 将进行全局安装。